Mina Kumari

Crónicas do Clima: Compreender as alterações globais

Mina Kumari

Crónicas do Clima: Compreender as alterações globais

ScienciaScripts

Imprint

Cover image: www.ingimage.com

This book is a translation from the original published under ISBN 978-620-7-81044-4.

Publisher:
Sciencia Scripts
is a trademark of
Dodo Books Indian Ocean Ltd. and OmniScriptum S.R.L publishing group

120 High Road, East Finchley, London, N2 9ED, United Kingdom
Str. Armeneasca 28/1, office 1, Chisinau MD-2012, Republic of Moldova, Europe
Printed at: see last page
ISBN: 978-620-7-87142-1

Prefácio

as últimas décadas, a humanidade tem assistido a profundas alterações nos padrões climáticos do nosso planeta. Desde o aumento das temperaturas globais até aos fenómenos meteorológicos extremos, o impacto destas alterações faz-se sentir em todos os continentes e ecossistemas. À medida que navegamos nesta era de transformação ambiental, a compreensão das complexidades das alterações climáticas torna-se cada vez mais crucial. "Crónicas do Clima: Compreender as Alterações Globais" tem como objetivo desvendar a ciência, explorar os impactos e traçar um caminho a seguir face a este desafio determinante do nosso tempo.

Saudações calorosas,

Dr. Mina Kumari

Índice

Capítulo 1: A ciência das alterações climáticas

Introdução à ciência do clima

A ciência climática é o estudo interdisciplinar do sistema climático da Terra, englobando a física atmosférica, a oceanografia, a meteorologia, a geologia e outros domínios. Na sua essência, procura compreender os mecanismos e processos que regem o clima da Terra e a forma como estes foram influenciados pelas actividades humanas ao longo do último século.

Fundamentos do sistema climático da Terra:

- **Componentes:** O sistema climático da Terra compreende vários componentes interligados, incluindo a atmosfera, os oceanos, as superfícies terrestres, as camadas de gelo e os organismos vivos. Estes componentes interagem de forma complexa, regulando o equilíbrio energético e a temperatura do planeta.
- **Balanço energético:** A Terra recebe energia do Sol sob a forma de radiação solar. Esta energia é absorvida pela superfície da Terra ou reflectida para o espaço. O equilíbrio entre a radiação solar recebida e a radiação infravermelha emitida determina a temperatura do planeta.

Efeito de estufa e gases com efeito de estufa:

- **Efeito de estufa:** Um fenómeno natural em que certos gases na atmosfera (como o dióxido de carbono, o metano e o vapor de água) retêm o calor e aquecem a superfície da Terra. Este processo é essencial para manter a temperatura habitável da Terra.
- **Efeito de estufa reforçado:** As actividades humanas, como a queima de combustíveis fósseis e a desflorestação, aumentaram significativamente as concentrações de gases com efeito de estufa na atmosfera. Este facto amplifica o efeito de estufa, conduzindo ao aquecimento global e às alterações climáticas.

Mecanismos de forçagem e de retroação do clima:

- **Factores de Força:** Factores naturais e induzidos pelo homem que alteram o balanço energético da Terra e contribuem para as alterações climáticas. Exemplos incluem erupções vulcânicas, variabilidade da radiação solar e emissões de gases com efeito de estufa.

- **Mecanismos de retroação:** Processos que amplificam ou atenuam as alterações climáticas. Por exemplo, o derretimento do gelo reduz a refletividade da Terra (albedo), levando a um maior aquecimento.

Contexto histórico da investigação climática:

- **As primeiras descobertas:** A partir do século XIX, os cientistas começaram a reconhecer o papel dos gases com efeito de estufa na regulação da temperatura da Terra. Pioneiros como Svante Arrhenius levantaram a hipótese do efeito de aquecimento das emissões de dióxido de carbono.
- **Avanços na investigação:** O desenvolvimento de modelos climáticos, a melhoria das observações por satélite e os estudos paleoclimáticos (que examinam os climas passados através de núcleos de gelo, anéis de árvores e registos de sedimentos) melhoraram a nossa compreensão da dinâmica e variabilidade do clima.

Modelos e projecções climáticas:

- **Modelação do clima:** Os modelos climáticos simulam as interacções entre a atmosfera, os oceanos, a terra e o gelo para projetar cenários climáticos futuros. Integram dados sobre emissões de gases com efeito de estufa, aerossóis e variabilidade natural para fazer previsões sobre tendências de temperatura, padrões de precipitação e fenómenos meteorológicos extremos.
- **Incertezas e níveis de confiança:** As projecções climáticas são acompanhadas de incertezas devido às interacções complexas no sistema climático e aos cenários de emissões futuras. Os cientistas utilizam métodos probabilísticos para estimar os intervalos de resultados possíveis.

Compreender os fundamentos da ciência do clima constitui uma base crucial para a compreensão dos desafios colocados pelas alterações climáticas. Ao examinar os processos físicos, o contexto histórico e as capacidades de previsão da ciência do clima, podemos apreciar melhor a necessidade urgente de estratégias de atenuação e adaptação para fazer face às alterações ambientais globais.

Contexto histórico da investigação climática

O contexto histórico da investigação sobre o clima estende-se por séculos, marcados por descobertas fundamentais, debates científicos e avanços que moldaram a nossa atual compreensão das alterações climáticas. Esta viagem pela história mostra como a humanidade tem vindo a desvendar gradualmente as complexidades do sistema climático da Terra e a reconhecer o profundo impacto das actividades humanas nas temperaturas globais e nos padrões climáticos.

Observações e hipóteses iniciais:

- **Séculos XVIII e XIX:** As primeiras observações de cientistas como Joseph Fourier, no final do século XVIII, e John Tyndall, em meados do século XIX, lançaram as bases para a compreensão do efeito de estufa. Fourier propôs que a atmosfera da Terra actua como uma estufa, retendo o calor e aquecendo o planeta. Tyndall identificou os gases específicos responsáveis por este efeito, nomeadamente o dióxido de carbono e o vapor de água.
- **Svante Arrhenius e o efeito de aquecimento:** Em 1896, o cientista sueco Svante Arrhenius deu um contributo significativo ao quantificar o potencial impacto das emissões de dióxido de carbono nas temperaturas globais. Ele levantou a hipótese de que a duplicação das concentrações atmosféricas de CO2 poderia aumentar as temperaturas globais em vários graus Celsius, um conceito que lançou as bases para a modelação climática moderna.

Avanços do século XX:

- **Expansão da ciência do clima:** Ao longo do século XX, os avanços na tecnologia e na compreensão científica levaram à expansão da ciência climática. A criação de organizações meteorológicas, como a Organização Meteorológica Mundial (OMM) e o Painel Intergovernamental sobre Alterações Climáticas (IPCC), facilitou a colaboração internacional e a partilha de dados.
- **Estudos paleoclimáticos:** Os investigadores começaram a investigar climas passados através de proxies paleoclimáticos, tais como núcleos de gelo, anéis de árvores e camadas de sedimentos. Estes estudos forneceram informações valiosas sobre a variabilidade natural do clima ao longo de milénios e destacaram a taxa sem precedentes de alterações climáticas recentes associadas às actividades humanas.

Emergência dos modelos climáticos:

- **Desenvolvimento de modelos climáticos:** A partir de meados do século XX, os avanços na capacidade de computação permitiram o desenvolvimento de modelos climáticos complexos. Estes modelos simulam as interacções entre a atmosfera, os oceanos, as superfícies terrestres e as camadas de gelo, permitindo aos cientistas projetar cenários climáticos futuros com diferentes cenários de emissões.

- **Relatórios de avaliação do PIAC:** Desde 1990, o IPCC tem publicado relatórios de avaliação abrangentes que sintetizam a investigação científica sobre as alterações climáticas. Estes relatórios avaliam a base científica física, os impactes, a adaptação e as opções de mitigação relacionados com as alterações climáticas, fornecendo aos decisores políticos informações cruciais para a tomada de decisões.

Compreensão atual e desafios:

- **Consenso e desafios:** Atualmente, existe um forte consenso científico de que as actividades humanas, em particular a queima de combustíveis fósseis e a desflorestação, estão a provocar um aquecimento global e alterações climáticas sem precedentes. No entanto, continuam a existir desafios na previsão dos impactos regionais, na resolução das incertezas dos modelos climáticos e na promoção da cooperação internacional para atenuar as emissões de gases com efeito de estufa.

Modelos e projecções climáticas:

Os modelos climáticos são simulações informáticas sofisticadas que integram processos físicos, químicos e biológicos no sistema climático da Terra. Estes modelos desempenham um papel crucial na compreensão das variações climáticas passadas, na projeção de cenários climáticos futuros e na avaliação dos potenciais impactos das alterações climáticas à escala global e regional.

Modelação do clima da Terra:

- **Componentes dos modelos climáticos:** Os modelos climáticos simulam interacções entre vários componentes do sistema climático da Terra, incluindo a atmosfera, os oceanos, as superfícies terrestres, os mantos de gelo e a biosfera. Incorporam equações baseadas em princípios fundamentais da física, química e biologia para representar processos como a radiação, a transferência de calor, a precipitação e as correntes oceânicas.

- **Sistemas de grelha:** Os modelos climáticos dividem a superfície da Terra num sistema de grelha tridimensional, em que cada célula da grelha representa uma área específica. Estas grelhas variam em resolução; os modelos globais têm células de grelha maiores (100-200 quilómetros), enquanto os modelos regionais podem atingir resoluções mais elevadas (10-50 quilómetros), captando as variações climáticas locais com maior precisão.

- **Dados e parâmetros de entrada:** Os modelos climáticos requerem dados de entrada, tais como cenários de emissões de gases com efeito de estufa, concentrações de aerossóis, radiação solar e alterações na utilização dos solos. Os parâmetros relacionados com a formação de nuvens, a dinâmica do gelo marinho e a dinâmica da vegetação também são incorporados para aumentar a exatidão do modelo.

Tipos de modelos climáticos:

- **Modelos climáticos globais (GCMs):** Os GCM simulam todo o sistema climático da Terra e são utilizados para estudar as tendências climáticas a longo prazo, as alterações da temperatura global e os padrões de circulação atmosférica em grande escala. Fornecem informações sobre fenómenos como o El Niño-Oscilação Sul (ENSO) e a variabilidade climática a longo prazo.

- **Modelos climáticos regionais (RCM):** Os RCM centram-se em regiões geográficas específicas e oferecem uma resolução espacial mais elevada do que os GCM. São úteis para avaliar os impactes climáticos locais, tais como alterações nos padrões de precipitação, temperaturas extremas e recursos hídricos regionais.

- **Modelos do sistema terrestre (ESM):** Os ESM integram modelos climáticos com componentes que representam os ciclos biogeoquímicos (por exemplo, o ciclo do carbono), as interacções entre a atmosfera e a biosfera (por exemplo, a dinâmica da vegetação) e as reacções entre o clima e as actividades humanas (por exemplo, as alterações da utilização dos solos). Estes modelos permitem uma compreensão global dos sistemas interligados da Terra e das suas respostas às alterações climáticas.

Projecções e incerteza:

- **Cenários climáticos futuros:** Os modelos climáticos geram projecções das condições climáticas futuras com base em diferentes cenários de emissão de gases com efeito de estufa (por exemplo, Vias de Concentração Representativas, RCP). Estes cenários ajudam os decisores políticos e as partes interessadas a antecipar potenciais impactes nos ecossistemas, recursos hídricos, agricultura e saúde humana.

- **Incerteza e Modelação de Conjuntos:** As projecções climáticas são acompanhadas de incertezas devido a factores como a variabilidade climática natural, limitações dos modelos e trajectórias de emissões futuras desconhecidas. Para lidar com a incerteza, os cientistas utilizam a modelação de conjuntos, executando múltiplas simulações com variações nos parâmetros de entrada, para fornecer intervalos probabilísticos de resultados climáticos futuros.
- **Validação e melhoria:** Os modelos climáticos são continuamente validados com base em observações históricas e dados paleoclimáticos para aumentar a sua precisão e fiabilidade. A investigação em curso centra-se na melhoria da física dos modelos, na incorporação de processos de escala mais fina e na integração de mecanismos de feedback para melhor simular interacções complexas no sistema climático.

Capítulo 2: Impactos nos ecossistemas e na biodiversidade

Vulnerabilidades do ecossistema

Os ecossistemas de todo o mundo estão a sofrer alterações profundas devido às alterações climáticas, com impacto na biodiversidade, nos serviços dos ecossistemas e no bem-estar humano. Compreender estas vulnerabilidades é crucial para avaliar o alcance total dos impactes climáticos e desenvolver estratégias eficazes de conservação e adaptação.

Alterações climáticas e dinâmica dos ecossistemas:

- **Mudanças na distribuição das espécies:** O aumento das temperaturas e a alteração dos padrões de precipitação estão a alterar as áreas geográficas de muitas espécies. As espécies adaptadas a condições climáticas específicas podem ter dificuldade em migrar ou adaptar-se com rapidez suficiente, levando a extinções locais ou a alterações na composição das comunidades.
- **Impacto na adequação do habitat:** Ecossistemas como os recifes de coral, os mangais e as regiões polares são particularmente vulneráveis. O branqueamento dos corais devido ao aquecimento dos oceanos, a perda de habitats costeiros devido à subida do nível do mar e o degelo que afecta os habitats dos ursos polares são exemplos notáveis de perda de habitat induzida pelo clima.
- **Perturbação das interacções ecológicas:** As alterações climáticas perturbam interacções ecológicas críticas, como a polinização, as relações predador-presa e as simbioses mutualistas. Por exemplo, os desfasamentos no tempo entre as plantas com flor e os polinizadores podem ameaçar a reprodução das plantas e afetar teias alimentares inteiras.

Recursos hídricos e ecossistemas aquáticos:

- **Impacto nos sistemas de água doce:** As alterações nos padrões de precipitação afectam a disponibilidade de água nos rios, lagos e zonas húmidas, com impacto na biodiversidade aquática e nas funções dos ecossistemas. As secas e o aumento da temperatura da água podem levar à morte de peixes, à redução do sucesso da desova e a alterações na distribuição das espécies aquáticas.
- **Acidificação dos oceanos:** O aumento dos níveis de CO2 atmosférico conduz à acidificação dos oceanos, afectando os organismos marinhos com conchas ou esqueletos

de carbonato de cálcio, como os corais, os moluscos e o plâncton. Esta acidificação ameaça a biodiversidade marinha e perturba as cadeias alimentares marinhas e as pescas.

Vulnerabilidade das florestas e dos ecossistemas terrestres:

- **Dinâmica florestal:** Os ecossistemas florestais enfrentam múltiplos factores de stress decorrentes das alterações climáticas, incluindo o aumento da frequência e intensidade dos incêndios florestais, os surtos de insectos e o stress da seca. Estes impactes podem levar ao declínio das florestas, à perda de sumidouros de carbono e a alterações na composição e estrutura das florestas.
- **Impacto na vida selvagem:** As espécies terrestres, incluindo mamíferos, aves e insectos, enfrentam a fragmentação e a perda de habitats devido às alterações induzidas pelo clima nos padrões de vegetação e nos extremos de temperatura. Os corredores de migração tornam-se críticos para as espécies se deslocarem para habitats adequados, aumentando a sua vulnerabilidade às actividades humanas.

Implicações para a conservação e gestão:

- **Áreas Protegidas e Resiliência:** O reforço das áreas protegidas e a criação de corredores ecológicos podem aumentar a resiliência dos ecossistemas aos impactes das alterações climáticas. Estas estratégias permitem que as espécies migrem e se adaptem às condições variáveis, mantendo a biodiversidade e os serviços ecossistémicos.
- **Estratégias de gestão adaptativa:** A implementação de abordagens de gestão adaptativa envolve a monitorização das alterações nos ecossistemas, a identificação de espécies e habitats vulneráveis e a integração da resiliência climática no planeamento da conservação. A colaboração entre cientistas, decisores políticos e comunidades locais é essencial para uma gestão adaptativa eficaz.
- **Serviços dos ecossistemas:** O reconhecimento do valor dos serviços ecosistémicos - como o sequestro de carbono, a purificação da água e a polinização - nas estratégias de adaptação climática realça a importância de manter ecosistemas saudáveis para o bem-estar humano e o desenvolvimento sustentável.

Perda de biodiversidade

A perda de biodiversidade é uma das consequências mais significativas das alterações climáticas, com impacto nos ecossistemas, nas populações de espécies e na estabilidade global dos sistemas naturais da Terra. Compreender os factores determinantes, os impactos e as implicações da perda de biodiversidade devido às alterações climáticas é crucial para desenvolver estratégias de conservação e atenuar a degradação ambiental.

Factores determinantes da perda de biodiversidade:

- **Destruição e fragmentação do habitat:** As alterações climáticas agravam a perda e a fragmentação de habitats através de factores como a desflorestação, a urbanização e o desenvolvimento de infra-estruturas. Os habitats fragmentados limitam a capacidade de deslocação e adaptação das espécies, aumentando a sua vulnerabilidade à extinção.
- **Mudança dos padrões climáticos:** As mudanças nos padrões de temperatura e precipitação alteram as condições dos ecossistemas, afectando as tolerâncias fisiológicas, os ciclos reprodutivos e os padrões de migração das espécies. As espécies adaptadas a nichos climáticos específicos podem ter dificuldade em sobreviver em ambientes em rápida mutação.
- **Acidificação dos oceanos e branqueamento dos corais:** O aumento dos níveis de CO2 atmosférico contribui para a acidificação dos oceanos, que afecta os organismos marinhos dependentes das estruturas de carbonato de cálcio, como os corais e os moluscos. Além disso, o aquecimento das temperaturas oceânicas provoca fenómenos de branqueamento dos corais, reduzindo a adequação do habitat para as espécies associadas aos recifes.

Impactos sobre as espécies e os ecossistemas:

- **Extinções de espécies:** As alterações climáticas aceleram a taxa de extinção de espécies, sobretudo entre os especialistas com necessidades de habitat limitadas e capacidade de adaptação limitada. As cascatas de extinção podem perturbar teias alimentares e funções ecossistémicas inteiras, conduzindo a uma menor resiliência e biodiversidade.
- **Perda de diversidade genética:** A redução do tamanho das populações e a fragmentação dos habitats diminuem a diversidade genética das espécies. A diversidade genética é essencial para a capacidade das espécies se adaptarem às alterações ambientais e manterem populações saudáveis ao longo do tempo.
- **Perturbação dos ecossistemas:** A perda de biodiversidade desestabiliza os ecossistemas ao reduzir a riqueza de espécies e a diversidade funcional. Os ecossistemas

podem perder funções ecológicas fundamentais, como o ciclo de nutrientes, a polinização e a regulação de pragas, comprometendo a sua resistência às pressões ambientais.

Implicações globais e regionais:

- **Serviços ecológicos:** A perda de biodiversidade prejudica os serviços ecossistémicos que apoiam o bem-estar humano, incluindo a produção de alimentos, a purificação da água, a regulação do clima e os serviços culturais. Os ecossistemas degradados são menos capazes de prestar estes serviços, colocando em risco os meios de subsistência e as economias.

- **Hotspots e regiões vulneráveis:** Os hotspots de biodiversidade - áreas com uma riqueza de espécies e endemismo excecionalmente elevados - são particularmente vulneráveis aos impactes das alterações climáticas. Estas regiões incluem as florestas tropicais, os recifes de coral e os ecossistemas do Ártico, onde espécies únicas enfrentam riscos de extinção acrescidos.

Estratégias de conservação e respostas políticas:

- **Áreas Protegidas e Restauração de Habitats:** A expansão e a gestão eficaz das áreas protegidas ajudam a conservar a biodiversidade e a proporcionar refúgio às espécies ameaçadas pelas alterações climáticas. As iniciativas de recuperação de habitats têm por objetivo restabelecer a ligação entre paisagens fragmentadas e aumentar a resiliência dos ecossistemas.

- **Gestão de espécies resistentes ao clima:** A implementação de práticas de gestão adaptativa implica dar prioridade a espécies e habitats resistentes ao clima, promover a diversidade genética através de programas de reprodução em cativeiro e facilitar as mudanças de distribuição das espécies em resposta a condições ambientais variáveis.

- **Cooperação internacional e quadros políticos:** Os acordos globais, como a Convenção sobre a Diversidade Biológica (CDB) e o Acordo de Paris sobre as alterações climáticas, fornecem quadros para uma ação coordenada para enfrentar a perda de biodiversidade e as alterações climáticas. As abordagens integradas que consideram tanto os factores ambientais como os socioeconómicos são essenciais para alcançar os objectivos de conservação.

Estudos de caso

Os estudos de caso fornecem exemplos concretos de como as alterações climáticas afectam os ecossistemas e a biodiversidade, destacando regiões, espécies e comunidades específicas afectadas pelas alterações ambientais. Estes estudos oferecem informações valiosas sobre as interacções complexas entre as variáveis climáticas, as respostas ecológicas e as actividades humanas, moldando a nossa compreensão das estratégias de adaptação e dos esforços de conservação.

1. Os recifes de coral e o aquecimento dos oceanos:

- **Impacto:** Os recifes de coral são muito sensíveis ao aumento da temperatura, o que leva a fenómenos de branqueamento dos corais, em que estes expelem algas simbióticas, tornando-se brancos e podendo morrer se o stress persistir. Este fenómeno perturba os ecossistemas dos recifes, reduzindo a biodiversidade e afectando as populações de peixes dependentes dos habitats dos corais.
- **Exemplo de caso:** A Grande Barreira de Coral, na Austrália, tem registado vários eventos de branqueamento de corais devido ao aquecimento das temperaturas do oceano. Estes eventos ameaçam a biodiversidade do recife e os serviços do ecossistema, com impacto no turismo, nas pescas e na proteção costeira.

2. As regiões polares e o degelo:

- **Impacto:** Os ecossistemas do Ártico e da Antárctida estão a sofrer alterações rápidas devido ao degelo do mar e do permafrost. Espécies como os ursos polares, as focas e os pinguins enfrentam a perda de habitat, a redução da disponibilidade de alimentos e o aumento da concorrência à medida que os ecossistemas dependentes do gelo se transformam.
- **Exemplo de caso:** No Ártico, os ursos polares dependem das plataformas de gelo marinho para caçar focas, a sua principal presa. À medida que o gelo marinho diminui, os ursos têm de percorrer distâncias mais longas, gastar mais energia e enfrentar maiores riscos de fome e de fracasso reprodutivo.

3. A floresta amazónica e a desflorestação:

- **Impacto:** A desflorestação da floresta amazónica agrava as alterações climáticas ao libertar o carbono armazenado nas árvores e ao perturbar os padrões climáticos regionais. A perda de biodiversidade ameaça as espécies endémicas, afecta os ciclos da água e reduz a resistência da floresta às secas e aos incêndios.

- **Exemplo de caso:** A desflorestação para fins agrícolas e de exploração madeireira na bacia amazónica brasileira fragmentou habitats e reduziu o coberto florestal, conduzindo a declínios na diversidade de espécies e nos serviços ecológicos. Os esforços de conservação têm como objetivo proteger as florestas remanescentes e promover práticas sustentáveis de utilização dos solos.

4. As savanas africanas e a seca:

- **Impacto:** A variabilidade climática e o aumento da frequência das secas nas savanas africanas afectam a dinâmica da vegetação, as migrações da vida selvagem e os meios de subsistência pastoris. As mudanças nos padrões de precipitação alteram a distribuição das espécies e a produtividade dos ecossistemas, pondo em causa as capacidades de adaptação das comunidades locais.
- **Exemplo de caso:** A região do Sahel, na África Ocidental, tem sofrido secas prolongadas, levando à desertificação e à perda de cobertura vegetal. As populações de animais selvagens, como as aves migratórias e os grandes herbívoros, enfrentam escassez de alimentos e degradação do habitat, afectando a biodiversidade e a estabilidade dos ecossistemas.

5. Ecossistemas alpinos e extremos de temperatura:

- **Impacto:** Os ecossistemas alpinos são sensíveis às alterações de temperatura, que afectam a fenologia das plantas, a dinâmica da neve e as interacções entre espécies. As alterações na distribuição das espécies e nas épocas de floração perturbam as relações ecológicas e os padrões de biodiversidade nos ambientes de montanha.
- **Exemplo de caso:** Os Alpes europeus têm observado mudanças nas zonas de vegetação à medida que as temperaturas sobem, com as espécies das montanhas a deslocarem-se para habitats mais frescos. As plantas alpinas endémicas enfrentam a concorrência de espécies de baixa altitude, reduzindo potencialmente a diversidade de espécies e a variabilidade genética.

Implicações e lições aprendidas:

- **Abordagens interdisciplinares:** A integração da ciência climática, da ecologia e dos estudos socioeconómicos ajuda a compreender as interacções complexas e a desenvolver estratégias de conservação holísticas.

- **Envolvimento da comunidade:** O envolvimento das comunidades locais nos esforços de conservação aumenta a resiliência e promove práticas sustentáveis.
- **Intervenções políticas:** A implementação de políticas que dêem prioridade à conservação da biodiversidade, à recuperação de habitats e à resiliência climática é crucial para mitigar os impactes climáticos nos ecossistemas e nas espécies.

Capítulo 3: Efeitos sociais e económicos

Saúde humana

As alterações climáticas representam riscos significativos para a saúde humana, afectando as populações a nível mundial através de vias directas e indirectas. A compreensão destes impactos na saúde é crucial para o desenvolvimento de estratégias de adaptação, intervenções nos cuidados de saúde e políticas públicas destinadas a proteger as comunidades vulneráveis e a reforçar a resiliência face às alterações ambientais.

Impactos directos na saúde:

- **Doenças relacionadas com o calor:** O aumento das temperaturas e as ondas de calor representam riscos de exaustão pelo calor, insolação e desidratação, particularmente entre as populações vulneráveis, como os idosos, as crianças e os trabalhadores ao ar livre. Prevê-se que as mortes e doenças relacionadas com o calor aumentem com a continuação do aquecimento global.
- **Doenças transmitidas por vectores:** As alterações climáticas afectam a distribuição e o comportamento dos vectores de doenças, como os mosquitos, as carraças e as moscas, expandindo o alcance geográfico de doenças como a malária, a dengue, o vírus Zika e a doença de Lyme. A alteração dos padrões climáticos influencia os habitats de reprodução dos vectores e a dinâmica de transmissão.
- **Qualidade do ar e problemas respiratórios:** As temperaturas mais elevadas e os padrões de precipitação alterados agravam a poluição atmosférica, levando a um aumento das concentrações de ozono troposférico e de partículas. A má qualidade do ar contribui para doenças respiratórias como a asma, bronquite e doenças cardiovasculares.

Impactos indirectos na saúde:

- **Segurança alimentar e hídrica:** As alterações climáticas perturbam a produção agrícola, afectando a disponibilidade de alimentos, a qualidade nutricional e a segurança alimentar. Os fenómenos meteorológicos extremos, as secas e as inundações afectam o rendimento das colheitas, a saúde dos animais e a qualidade da água, provocando a escassez de alimentos e a subnutrição.
- **Doenças transmitidas pela água:** As alterações nos padrões de precipitação e as

flutuações de temperatura influenciam a disponibilidade e a qualidade da água, aumentando o risco de doenças transmitidas pela água, como a cólera, a febre tifoide e as doenças diarreicas. As inundações podem contaminar as fontes de água potável, agravando os riscos para a saúde.

- **Saúde mental e bem-estar:** As catástrofes relacionadas com o clima, as deslocações e a incerteza quanto aos impactos futuros contribuem para o stress, a ansiedade e as perturbações da saúde mental entre as populações afectadas. Os grupos vulneráveis, incluindo as comunidades indígenas e as famílias com baixos rendimentos, são afectados de forma desproporcionada.

Populações vulneráveis:

- **Crianças e idosos:** As crianças pequenas e os idosos são mais susceptíveis a doenças relacionadas com o calor e a problemas respiratórios. Podem também enfrentar dificuldades no acesso aos cuidados de saúde e na adaptação aos impactos climáticos.
- **Comunidades com baixos rendimentos:** As disparidades socioeconómicas agravam os riscos para a saúde, com as populações marginalizadas a enfrentarem um acesso limitado aos cuidados de saúde, instabilidade habitacional e maior exposição a riscos ambientais.
- **Desigualdades mundiais no domínio da saúde:** As alterações climáticas amplificam as desigualdades existentes em matéria de saúde dentro dos países e entre eles, sendo que os países em desenvolvimento suportam frequentemente o peso dos impactos na saúde relacionados com o clima devido à limitação dos recursos e das infra-estruturas.

Estratégias de adaptação e de atenuação:

- **Preparação para a saúde pública:** O reforço dos sistemas de saúde, dos sistemas de alerta precoce e das capacidades de resposta a emergências melhora a resiliência às ameaças para a saúde relacionadas com o clima. As campanhas de educação e sensibilização aumentam a consciencialização para a prevenção do stress térmico, o controlo de vectores e as medidas de prevenção de doenças.
- **Planeamento urbano e infra-estruturas:** A conceção de cidades com espaços verdes, opções de transporte sustentáveis e infra-estruturas resistentes ao calor ajuda a atenuar as ilhas de calor urbanas e a melhorar a qualidade do ar, melhorando os resultados em

termos de saúde pública.

- **Colaboração internacional:** As iniciativas e parcerias globais apoiam o desenvolvimento de capacidades em regiões vulneráveis, promovem a partilha de conhecimentos e mobilizam recursos para enfrentar os desafios de saúde relacionados com o clima à escala global.

Consequências económicas

As alterações climáticas têm profundas implicações económicas, afectando sectores que vão da agricultura e da energia ao turismo e ao desenvolvimento de infra-estruturas. Compreender estas consequências económicas é crucial para que os decisores políticos, as empresas e as comunidades atenuem os riscos, se adaptem às condições em mudança e promovam um crescimento económico sustentável num mundo em aquecimento.

1. Impacto na agricultura e na segurança alimentar:

- **Rendimento e produtividade das culturas:** A alteração dos padrões de precipitação, os extremos de temperatura e o aumento da incidência de pragas e doenças afectam o rendimento das culturas e a produtividade agrícola. As regiões que dependem da agricultura de sequeiro enfrentam riscos acrescidos de quebra de colheitas e de redução da produção alimentar.

- **Pecuária e Pescas:** O aumento das temperaturas e a escassez de água afectam a saúde e a produtividade do gado, reduzindo os rendimentos da carne e dos lacticínios. As alterações nas temperaturas e nos níveis de acidez dos oceanos afectam os ecossistemas marinhos, as pescas e a aquacultura, pondo em risco o abastecimento de produtos do mar e os meios de subsistência.

2. Recursos hídricos e infra-estruturas:

- **Escassez e qualidade da água:** As secas, a redução da quantidade de neve e a alteração dos padrões de precipitação desafiam a gestão dos recursos hídricos, afectando a irrigação, a produção de energia hidroelétrica e o abastecimento de água aos municípios. A competição por recursos hídricos limitados intensifica-se, colocando em risco a agricultura, a indústria e as populações urbanas.

- **Vulnerabilidade das infra-estruturas:** A erosão costeira, a subida do nível do mar e os fenómenos meteorológicos extremos ameaçam infra-estruturas como estradas, portos e serviços públicos. Os investimentos em infra-estruturas resistentes ao clima são essenciais para atenuar os danos e garantir a estabilidade económica a longo prazo.

3. **Sector da energia e gestão dos recursos:**

- **Procura e oferta de energia:** As alterações climáticas têm impacto nos padrões de procura de energia, com um aumento das necessidades de arrefecimento durante as vagas de calor e mudanças nas necessidades de aquecimento nas regiões mais frias. As fontes de energia renováveis, como a solar e a eólica, enfrentam oportunidades e desafios na transição para sistemas energéticos com baixas emissões de carbono.
- **Extração de recursos naturais:** As indústrias extractivas, incluindo a extração mineira, a silvicultura e a extração de petróleo e gás, enfrentam riscos operacionais decorrentes de perigos relacionados com o clima, como incêndios florestais, furacões e alterações regulamentares. As práticas de gestão sustentável dos recursos atenuam os impactes ambientais e asseguram a disponibilidade dos recursos.

4. **Turismo e economias costeiras:**

- **Indústria do turismo:** As alterações climáticas têm impacto nas atracções naturais, nos sítios do património cultural e nas actividades recreativas, afectando as receitas do turismo e o emprego. Os destinos vulneráveis à subida do nível do mar e aos fenómenos meteorológicos extremos requerem estratégias de adaptação para manter a atração dos visitantes e a viabilidade económica.
- **Comunidades costeiras:** A subida do nível do mar, as tempestades e a erosão ameaçam as infra-estruturas das comunidades costeiras, os valores das propriedades e os meios de subsistência dependentes da pesca, das actividades recreativas e do turismo costeiro. As estratégias de gestão costeira, incluindo a alimentação das praias e a atenuação das inundações, salvaguardam as actividades económicas e a resistência das comunidades.

5. **Comércio global e desigualdade económica:**

- **Perturbações do comércio:** As perturbações relacionadas com o clima, tais como interrupções na cadeia de abastecimento devido a fenómenos meteorológicos extremos ou respostas políticas aos objectivos de redução das emissões, têm impacto nos fluxos comerciais globais e na estabilidade económica. As economias vulneráveis podem enfrentar um aumento dos custos e uma redução do acesso ao mercado.

- **Desigualdade económica:** Os impactos climáticos afectam desproporcionadamente as comunidades com baixos rendimentos e marginalizadas, exacerbando as disparidades sociais e as desigualdades económicas. Os esforços de adaptação e mitigação devem dar prioridade a políticas inclusivas e apoiar a resiliência das populações vulneráveis.

Estratégias de adaptação e de atenuação:

- **Quadros políticos:** A implementação de políticas climáticas sólidas, incluindo a fixação de preços do carbono, a regulamentação das emissões e os incentivos à adoção de energias renováveis, promove a segurança do investimento e a inovação em tecnologias com baixas emissões de carbono.
- **Planeamento da resiliência:** A integração de avaliações de riscos climáticos no planeamento urbano, no desenvolvimento de infra-estruturas e na preparação para catástrofes aumenta a resiliência da comunidade e reduz as perdas económicas decorrentes dos impactes climáticos.
- **Cooperação internacional:** A cooperação global em matéria de financiamento da luta contra as alterações climáticas, transferência de tecnologias e reforço das capacidades apoia os esforços de adaptação dos países em desenvolvimento e facilita as vias de desenvolvimento sustentável.

Justiça social e equidade

As alterações climáticas exacerbam as desigualdades sociais existentes e colocam desafios significativos à consecução da justiça social a nível mundial. Compreender os impactos cruzados das alterações climáticas nas populações vulneráveis, nas comunidades marginalizadas e nos grupos desfavorecidos é essencial para promover a equidade e fomentar a resiliência face aos desafios ambientais e económicos.

1. Populações vulneráveis e riscos climáticos:

- **Comunidades com baixos rendimentos:** As comunidades socioeconomicamente desfavorecidas carecem frequentemente de recursos e infra-estruturas para fazer face aos impactos climáticos, tais como fenómenos meteorológicos extremos, subida do nível do mar e insegurança alimentar. A instabilidade habitacional e os cuidados de saúde inadequados agravam as vulnerabilidades às ondas de calor e à poluição atmosférica.

- **Populações indígenas:** As comunidades indígenas, que dependem das terras tradicionais e dos recursos naturais, enfrentam ameaças ao património cultural, aos meios de subsistência e às práticas de subsistência devido à degradação ambiental, à usurpação de terras e à perda de biodiversidade. Os impactos climáticos afectam os sistemas de conhecimentos tradicionais e a resiliência cultural.

- **Comunidades rurais e agrícolas:** Os pequenos agricultores, as populações rurais e os trabalhadores agrícolas são afectados de forma desproporcionada pela variabilidade climática, pela quebra de colheitas e pela escassez de água. O acesso limitado aos mercados, à tecnologia e aos recursos financeiros dificulta a adaptação e o desenvolvimento sustentável nos sectores agrícolas.

2. **Disparidades na saúde e justiça ambiental:**

- **Saúde pública:** As alterações climáticas contribuem para as disparidades na saúde, com as populações marginalizadas a registarem taxas mais elevadas de doenças relacionadas com o calor, doenças respiratórias e infecções transmitidas por vectores. A falta de acesso aos cuidados de saúde e a justiça ambiental agravam os riscos para a saúde nas comunidades carenciadas.

- **Justiça ambiental:** O racismo ambiental e a distribuição desigual dos encargos ambientais (por exemplo, poluição, sítios de resíduos perigosos) afectam desproporcionadamente as minorias e os bairros de baixos rendimentos. As políticas climáticas devem abordar as injustiças históricas e garantir o acesso equitativo ao ar puro, à água e aos recursos naturais.

3. **Igualdade de género e adaptação às alterações climáticas:**

- **Mulheres e raparigas:** As desigualdades de género exacerbam as vulnerabilidades climáticas, com as mulheres a suportarem frequentemente encargos desproporcionados na prestação de cuidados, segurança alimentar e gestão da água. A capacitação das mulheres através da educação, de oportunidades económicas e da participação na tomada de decisões aumenta a resiliência da comunidade e as estratégias de adaptação.

- **Violência baseada no género:** As deslocações induzidas pelo clima, a escassez de recursos e a agitação social aumentam os riscos de violência e exploração com base no género. A resolução das desigualdades de género e a promoção da proteção social fazem parte integrante da resiliência climática e das agendas de desenvolvimento sustentável.

4. **Urbanização e Resiliência Comunitária:**

- **Pobres urbanos:** Os aglomerados informais e as populações urbanas marginalizadas enfrentam riscos de habitação inadequada, infra-estruturas e exposição a riscos climáticos como inundações, deslizamentos de terras e ilhas de calor urbanas. O planeamento urbano integrado, a habitação social e as infra-estruturas verdes aumentam a resiliência urbana e o desenvolvimento equitativo.

- **Envolvimento da comunidade:** Os processos inclusivos de tomada de decisões, as iniciativas lideradas pela comunidade e os sistemas de conhecimento local reforçam a resiliência, fomentam a coesão social e promovem as capacidades de adaptação das comunidades vulneráveis.

5. **Respostas políticas e transições justas:**

- **Transições Justas:** A transição para uma economia de baixo carbono requer políticas que dêem prioridade aos direitos dos trabalhadores, práticas laborais justas e distribuição equitativa de empregos verdes e investimentos em energias renováveis. Garantir que os trabalhadores e as comunidades dependentes das indústrias de combustíveis fósseis não sejam deixados para trás é essencial para a equidade social.

- **Cooperação internacional:** A solidariedade global, o financiamento da luta contra as alterações climáticas e a transferência de tecnologias apoiam os esforços de adaptação dos países em desenvolvimento e reforçam a resiliência das regiões vulneráveis. Para que haja justiça climática, é necessária uma ação de colaboração para atenuar as emissões de gases com efeito de estufa e promover vias de desenvolvimento sustentável.

Capítulo 4: Estratégias de atenuação e adaptação

Esforços de atenuação

As estratégias de mitigação visam reduzir as emissões de gases com efeito de estufa (GEE) e limitar a magnitude dos impactes das alterações climáticas através de avanços tecnológicos, intervenções políticas e mudanças de comportamento. Estes esforços são essenciais para alcançar os objectivos climáticos internacionais, promover a sustentabilidade ambiental e minimizar os riscos climáticos futuros.

1. **Transição para as energias renováveis:**

- **Energia solar e eólica:** O aumento das fontes de energia renováveis, como a energia solar fotovoltaica e as turbinas eólicas, reduz a dependência dos combustíveis fósseis para a produção de eletricidade. As políticas que promovem a implantação das energias renováveis, o investimento em infra-estruturas e a investigação em tecnologias de armazenamento de energia aceleram a transição para um sistema energético com baixas emissões de carbono.

- **Eficiência energética:** A melhoria da eficiência energética nos edifícios, transportes e processos industriais reduz o consumo de energia e as emissões de gases com efeito de estufa. Os códigos de construção, as normas relativas aos electrodomésticos e os programas de adaptação promovem práticas de eficiência energética e reduzem a pegada de carbono.

2. **Descarbonização dos transportes:**

- **Eletrificação:** A transição para veículos eléctricos (VE) e a expansão das infra-estruturas de carregamento reduzem as emissões do sector dos transportes. Os incentivos à adoção de VE, os investimentos em transportes públicos e a promoção de infra-estruturas para ciclistas e peões apoiam opções de mobilidade sustentável.

- **Normas de eficiência dos combustíveis:** O estabelecimento de normas rigorosas de eficiência de combustível para os veículos e a promoção de combustíveis alternativos, como os biocombustíveis e o hidrogénio, reduzem as emissões de carbono dos veículos a gasolina e a gasóleo. A investigação sobre veículos com emissões zero e combustíveis sustentáveis para a aviação faz avançar os esforços de descarbonização nos transportes.

3. **Utilização sustentável dos solos e agricultura:**

- **Conservação e reflorestação de florestas:** A proteção das florestas tropicais, dos mangais e das turfeiras preserva os sumidouros de carbono e a biodiversidade. As iniciativas de reflorestação e florestação aumentam o sequestro de carbono e a resistência dos ecossistemas aos impactos climáticos.
- **Agricultura regenerativa:** Práticas como a agro-silvicultura, a rotação de culturas e o sequestro de carbono do solo melhoram a saúde do solo, melhoram a retenção de água e reduzem as emissões agrícolas. O apoio aos agricultores com tecnologias inteligentes em termos de clima e práticas sustentáveis promove a segurança alimentar e a sustentabilidade ambiental.

4. **Precificação do carbono e mecanismos de mercado:**

- **Sistemas de Cap-and-Trade:** A criação de sistemas de limitação e comércio e de mercados de carbono estabelece limites para as emissões e incentiva as empresas a reduzirem as emissões de GEE de forma rentável. As receitas provenientes da fixação dos preços do carbono podem financiar investimentos em energias limpas e iniciativas de adaptação às alterações climáticas.
- **Impostos sobre o carbono:** A aplicação de impostos sobre o carbono nos combustíveis fósseis e nas emissões industriais internaliza o custo social do carbono, incentivando as empresas e os consumidores a adoptarem tecnologias e comportamentos mais limpos. Os impostos sobre o carbono, neutros em termos de receitas, podem apoiar as famílias com baixos rendimentos e estimular a inovação ecológica.

5. **Inovação tecnológica e investigação:**

- **Captura e armazenamento de carbono (CCS):** O desenvolvimento de tecnologias CCS captura as emissões de CO2 das centrais eléctricas e instalações industriais, impedindo-as de entrar na atmosfera. A investigação sobre os métodos de utilização e armazenamento de carbono aumenta as capacidades de remoção de carbono e atenua os impactos climáticos.
- **Tecnologias de resiliência climática:** O investimento em infra-estruturas resistentes ao clima, em sistemas de alerta precoce e na preparação para catástrofes aumenta a resistência das comunidades aos riscos climáticos. A inovação em tecnologias de

adaptação às alterações climáticas ajuda as regiões vulneráveis a adaptarem-se às condições ambientais em mutação.

6. **Cooperação internacional e integração de políticas:**

- **Compromissos do Acordo de Paris:** A implementação dos contributos determinados a nível nacional (CDN) no âmbito do Acordo de Paris implica que os países estabeleçam objectivos ambiciosos de redução das emissões e colaborem na ação climática mundial. A cooperação internacional em matéria de transferência de tecnologia, financiamento do clima e reforço das capacidades apoia os esforços de atenuação dos países em desenvolvimento.
- **Abordagens sectoriais:** As estratégias de atenuação específicas de cada sector em indústrias como a aviação, o transporte marítimo e a indústria transformadora pesada abordam desafios e oportunidades únicos para a redução das emissões. As iniciativas multilaterais e o envolvimento do sector privado impulsionam a inovação e a adoção de práticas sustentáveis a nível mundial.

Os esforços de atenuação desempenham um papel fundamental na resposta aos impactes das alterações climáticas, na transição para uma economia de baixo carbono e na salvaguarda dos ecossistemas globais e da biodiversidade. Ao adotar estratégias de atenuação abrangentes, as partes interessadas podem atingir objectivos de desenvolvimento sustentável, promover a prosperidade económica e atenuar os riscos climáticos futuros para as gerações actuais e futuras.

Medidas de adaptação

As medidas de adaptação são estratégias essenciais que ajudam as sociedades e os ecossistemas a ajustarem-se aos impactes das alterações climáticas, a reduzirem as vulnerabilidades e a criarem resiliência. Estas medidas englobam uma vasta gama de acções e intervenções destinadas a proteger as comunidades, as infra-estruturas, os sistemas naturais e os sectores económicos dos efeitos adversos da variabilidade e das alterações climáticas.

1. **Reforçar a resiliência climática das infra-estruturas:**

- **Infra-estruturas resistentes ao clima:** Readaptação de edifícios, estradas, pontes e serviços públicos para resistir a fenómenos meteorológicos extremos, à subida do nível do mar e às flutuações de temperatura. A conceção de infra-estruturas resistentes garante a funcionalidade e minimiza os danos durante as catástrofes relacionadas com o clima.

- **Infra-estruturas verdes:** Incorporação de soluções baseadas na natureza, como telhados verdes, pavimentos permeáveis e recuperação de zonas húmidas costeiras, para gerir as águas pluviais, reduzir as ilhas de calor urbanas e melhorar os serviços ecossistémicos. As infra-estruturas verdes melhoram a resiliência urbana e apoiam a biodiversidade.

2. **Reforço da gestão do risco de catástrofes:**

- **Sistemas de alerta precoce:** Desenvolver e implementar sistemas de alerta precoce para furacões, inundações, secas e ondas de calor para alertar as comunidades e facilitar a evacuação e a preparação atempadas. O investimento em tecnologia e o envolvimento da comunidade melhoram as capacidades de resposta a catástrofes.

- **Preparação e resposta a emergências:** Estabelecimento de planos de emergência, abrigos de emergência e redes de comunicação para coordenar os esforços de resposta a catástrofes e garantir a segurança pública. O reforço das capacidades e a formação permitem às autoridades locais e às comunidades responder eficazmente às emergências climáticas.

3. **Promover a resiliência da agricultura e da segurança alimentar:**

- **Diversificação de culturas e meios de subsistência:** Incentivar a diversificação das culturas, as variedades de culturas resistentes e as práticas agro-florestais para se adaptarem às alterações climáticas, à disponibilidade de água e aos surtos de pragas. O apoio aos pequenos agricultores com técnicas agrícolas inteligentes em termos climáticos aumenta a segurança alimentar.

- **Gestão da água e irrigação:** Investir em sistemas de irrigação eficientes, recolha de águas pluviais e instalações de armazenamento de água para atenuar os impactos da seca e garantir a produtividade agrícola. A gestão integrada dos recursos hídricos equilibra a procura concorrente de água e aumenta a resiliência nas regiões afectadas pela escassez de água.

4. **Proteção dos ecossistemas e da biodiversidade:**

- **Conservação e recuperação de habitats:** Estabelecimento de áreas protegidas, corredores ecológicos e reservas marinhas para conservar a biodiversidade e permitir a migração das espécies em resposta às alterações climáticas. A recuperação de ecossistemas degradados aumenta a sua resiliência e funcionalidade ecológica.

- **Práticas de gestão adaptativa:** Implementar abordagens de gestão adaptativa na silvicultura, pescas e gestão dos recursos naturais para utilizar de forma sustentável os serviços dos ecossistemas e responder aos impactes climáticos. A governação colaborativa e os sistemas de conhecimentos indígenas apoiam a tomada de decisões adaptativas.

5. **Criar resiliência comunitária e capital social:**

- **Adaptação com base na comunidade:** Envolver as comunidades locais no planeamento da adaptação às alterações climáticas, nos processos de tomada de decisões e nas iniciativas de reforço das capacidades. A capacitação de grupos vulneráveis, incluindo povos indígenas e mulheres, promove a coesão social e resultados de resiliência equitativos.

- **Cuidados de saúde e serviços sociais:** Reforçar os sistemas de saúde, as redes de segurança social e os serviços públicos para fazer face aos riscos para a saúde relacionados com o clima, incluindo o stress térmico, as doenças transmitidas por vectores e os impactos na saúde mental. Garantir o acesso a instalações e serviços de saúde em áreas vulneráveis ao clima é fundamental para o bem-estar da comunidade.

6. **Planeamento urbano e regional integrado:**

- **Conceção urbana sensível ao clima:** Integrar as considerações climáticas no planeamento urbano, nos regulamentos de zonamento e nos códigos de construção para gerir as ilhas de calor urbanas, melhorar a qualidade do ar e reforçar os espaços verdes urbanos. O desenvolvimento compacto e de utilização mista promove opções de transporte sustentáveis e reduz as emissões de carbono.

- **Colaboração regional:** Facilitar a cooperação regional, a partilha de conhecimentos e as iniciativas conjuntas para fazer face aos impactes climáticos transfronteiriços, aos desafios da gestão dos recursos e à resiliência das infra-estruturas. As parcerias intersectoriais reforçam a capacidade de adaptação e promovem vias de desenvolvimento sustentável.

As medidas de adaptação são adaptadas aos contextos locais, abordando os riscos climáticos únicos, as condições socioeconómicas e as vulnerabilidades ambientais. Ao integrar a adaptação nos quadros políticos, nos investimentos e nas iniciativas comunitárias, as partes interessadas podem aumentar a resiliência, reduzir os riscos climáticos e promover o desenvolvimento sustentável num clima em mudança.

Soluções inovadoras

Face aos desafios das alterações climáticas, as soluções inovadoras são cruciais para o desenvolvimento de novas tecnologias, práticas e abordagens que aumentem a resiliência, reduzam as emissões de gases com efeito de estufa e promovam o desenvolvimento sustentável. Estas soluções aproveitam a criatividade, os avanços científicos e os esforços de colaboração para abordar questões complexas relacionadas com o clima em vários sectores e escalas.

1. Tecnologias de energia limpa:

As tecnologias energéticas limpas englobam um conjunto diversificado de inovações destinadas a reduzir as emissões de gases com efeito de estufa, a aumentar a eficiência energética e a fazer a transição para um futuro energético sustentável. Estas tecnologias desempenham um papel fundamental na atenuação dos impactos das alterações climáticas, na promoção da segurança energética e na promoção do crescimento económico, minimizando simultaneamente a degradação ambiental.

1. Energia solar fotovoltaica (PV) e energia solar concentrada (CSP):

- Energia solar fotovoltaica: Os sistemas fotovoltaicos convertem a luz solar diretamente em eletricidade utilizando materiais semicondutores. Os avanços na tecnologia fotovoltaica incluem células solares de maior eficiência, tecnologias de película fina e concepções inovadoras, como a fotovoltaica integrada em edifícios (BIPV). As matrizes solares fotovoltaicas podem ser instaladas em telhados, parques solares e em aplicações descentralizadas fora da rede, fornecendo soluções de energia renovável escaláveis.
- Energia solar concentrada (CSP): Os sistemas CSP utilizam espelhos ou lentes para concentrar a luz solar numa pequena área, gerando calor que acciona turbinas a vapor ou outros motores térmicos para produzir eletricidade. As inovações na CSP incluem o armazenamento de sal fundido para armazenamento de energia térmica, a hibridação com combustíveis fósseis ou biomassa e a integração com centrais de dessalinização para melhorar a sustentabilidade energética e hídrica em regiões áridas.

2. Tecnologias de energia eólica:

- Turbinas eólicas onshore e offshore: As turbinas eólicas terrestres aproveitam a energia eólica para gerar eletricidade, com os avanços na conceção das turbinas, nos materiais das pás do rotor e nas alturas das torres a melhorar a eficiência e a reduzir os custos. Os parques eólicos offshore exploram recursos eólicos mais fortes e mais consistentes no mar, empregando turbinas maiores, plataformas flutuantes e tecnologias de integração na rede para expandir a capacidade eólica offshore.
- Turbinas eólicas flutuantes: As turbinas eólicas flutuantes são concebidas para águas profundas onde as fundações fixas são impraticáveis. As inovações na conceção de plataformas flutuantes, sistemas de amarração e técnicas de instalação permitem a instalação de energia eólica offshore em ambientes marinhos difíceis, apoiando as comunidades costeiras e melhorando a resiliência energética.

3. Sistemas de armazenamento de energia:

- Armazenamento de baterias: As baterias de iões de lítio e as tecnologias de baterias emergentes, como as baterias de estado sólido e as baterias de fluxo, armazenam a eletricidade gerada por fontes renováveis intermitentes, como a solar e a eólica. Os avanços na química das baterias, na densidade energética e na durabilidade do ciclo de vida reduzem os custos e melhoram a estabilidade da rede, permitindo uma maior integração das energias renováveis e capacidades de resposta à procura.
- Armazenamento hidroelétrico por bombagem: O armazenamento hidroelétrico por bombagem utiliza a eletricidade excedente para bombear água para um reservatório durante os períodos de baixa procura. Quando a procura de eletricidade atinge um pico, a água é libertada para baixo através de turbinas para gerar eletricidade. As inovações nas centrais hidroeléctricas por bombagem incluem sistemas de circuito fechado, reservatórios subterrâneos e concepções modulares para otimizar o armazenamento de energia e a flexibilidade da rede.

4. Tecnologias de integração de redes e redes inteligentes:

- Infraestrutura de rede inteligente: As tecnologias de redes inteligentes permitem a comunicação bidirecional entre fornecedores e consumidores de eletricidade, optimizando a utilização de energia, gerindo os picos de procura e integrando recursos energéticos distribuídos (DER), como painéis solares nos telhados e veículos eléctricos (EV). As inovações em contadores inteligentes, automação da rede e sistemas de resposta à procura aumentam a fiabilidade da rede, reduzem as perdas de transmissão e apoiam a produção descentralizada de energias renováveis.

- Integração à escala da rede: As ferramentas avançadas de gestão da rede, os gémeos digitais e a análise preditiva optimizam o fluxo de energia, a estabilidade da tensão e a integração das energias renováveis nas redes de transmissão e distribuição. As inovações no armazenamento de energia à escala da rede, na eletrónica de potência e nos sistemas de gestão de energia facilitam a transição para uma infraestrutura energética resiliente e sustentável.

5. Tecnologias do hidrogénio e das pilhas de combustível:

- Produção de hidrogénio verde: Os processos de eletrólise utilizam a eletricidade renovável para dividir as moléculas de água em hidrogénio e oxigénio, produzindo hidrogénio verde como combustível limpo ou portador de energia. As inovações na eficiência dos electrolisadores, as soluções de armazenamento de hidrogénio e as infra-estruturas de transporte de hidrogénio apoiam os esforços de descarbonização nos sectores da indústria, dos transportes e da energia.

- Células de combustível: As tecnologias de células de combustível convertem o hidrogénio e o oxigénio em eletricidade através de um processo eletroquímico, com aplicações na produção de energia estacionária, veículos com células de combustível (FCVs) e dispositivos portáteis. Os avanços na durabilidade, desempenho e redução de custos das células de combustível promovem a comercialização e a adoção de soluções energéticas baseadas no hidrogénio.

As tecnologias energéticas limpas representam uma via transformadora para o desenvolvimento sustentável, a resiliência climática e a transição energética global. Ao promover a inovação, investir em investigação e desenvolvimento e aumentar a implantação, as partes interessadas podem acelerar a adoção das energias limpas, reduzir as emissões de carbono e atingir os objectivos de atenuação das alterações climáticas para um futuro mais verde e próspero.

2. Captura e utilização de carbono:

As tecnologias de captura e utilização de carbono têm por objetivo capturar as emissões de dióxido de carbono (CO2) provenientes de processos industriais e da produção de energia e convertê-las em produtos valiosos ou armazená-las permanentemente no subsolo. Estas abordagens inovadoras desempenham um papel crucial na atenuação das alterações climáticas, reduzindo as emissões de gases com efeito de estufa e promovendo a gestão sustentável dos recursos.

1. **Tecnologias de captura de carbono:**

- **Captura pós-combustão:** As tecnologias de captura pós-combustão capturam as emissões de CO2 dos gases de combustão produzidos pela queima de combustíveis fósseis em centrais eléctricas e instalações industriais. Os solventes químicos, como as aminas, absorvem o CO2 dos gases de escape, que é depois processado para armazenamento ou utilização.
- **Captura de pré-combustão:** A captura de pré-combustão envolve a captura de CO2 do gás de síntese produzido durante a gaseificação de carvão, biomassa ou gás natural. O gás de síntese é convertido em hidrogénio e CO2, sendo o CO2 separado e armazenado ou utilizado antes da combustão na produção de energia ou em processos industriais.
- **Combustão oxi-combustível:** A combustão oxi-combustível queima combustíveis fósseis numa mistura de oxigénio e gases de combustão recirculados, produzindo um fluxo concentrado de CO2 que pode ser capturado e armazenado. As inovações no design das caldeiras oxi-combustível e nas tecnologias de separação de oxigénio melhoram a eficiência da combustão e as taxas de captura de CO2.

2. **Tecnologias de utilização de carbono:**

- **Recuperação melhorada de petróleo (EOR):** O CO2 capturado de fontes industriais é injetado em reservatórios de petróleo esgotados para melhorar a recuperação de petróleo através do aumento da pressão e da deslocação do petróleo residual. A EOR não só melhora a eficiência da extração de petróleo como também sequestra o CO2 permanentemente no subsolo, reduzindo as emissões para a atmosfera.
- **Mineralização de carbonatos:** O CO2 reage com minerais como os silicatos de magnésio e de cálcio para formar carbonatos estáveis, fixando permanentemente o CO2 em formações geológicas sólidas. As tecnologias de carbonatação mineral aproveitam os processos naturais de meteorização ou aceleram as reacções em ambientes industriais para armazenar o CO2 de forma segura.
- **Produção de produtos químicos e combustíveis:** O CO2 pode ser convertido em produtos químicos, combustíveis sintéticos e materiais de construção através de

reacções químicas como a hidrogenação ou processos electroquímicos. As inovações no desenvolvimento de catalisadores, na eficiência dos processos e na integração das energias renováveis permitem a produção rentável de produtos neutros em termos de carbono.

3. **Captação direta de ar (DAC):**

- **Tecnologias DAC:** As tecnologias de captura direta de ar removem o CO2 diretamente do ar ambiente utilizando sorventes ou absorventes químicos. O CO2 capturado é depois concentrado, purificado e armazenado ou utilizado para aplicações industriais ou para conversão em combustíveis sintéticos. As inovações nos sistemas DAC aumentam a eficiência energética e reduzem os custos operacionais, aumentando as capacidades de remoção de CO2.

- **Mineralização do carbono:** O CO2 capturado a partir de processos DAC pode ser mineralizado em carbonatos estáveis ou armazenado em formações geológicas, contribuindo para tecnologias de emissões negativas e esforços de mitigação das alterações climáticas. A investigação sobre as vias de mineralização naturais e artificiais melhora as taxas de sequestro de CO2 e a compatibilidade ambiental.

4. **Viabilidade económica e oportunidades de mercado:**

- **Mecanismos de fixação de preços do carbono:** As tecnologias de captura e utilização de carbono beneficiam de incentivos à fixação de preços do carbono e de quadros regulamentares que internalizam o custo das emissões de CO2. Os mercados de carbono, os incentivos fiscais e os sistemas de comércio de emissões criam incentivos financeiros para que as indústrias invistam em projectos de captura e utilização de carbono.

- **Aplicações industriais:** Os produtos derivados do CO2, como os combustíveis sintéticos, os polímeros e os materiais de construção, oferecem novos fluxos de receitas e oportunidades de mercado para as indústrias que estão a fazer a transição para tecnologias com baixo teor de carbono. As parcerias entre instituições de investigação, empresas e governos aceleram a comercialização e o aumento de escala das inovações CCU.

5. **Apoio a políticas e colaboração internacional:**

- **Financiamento e apoio à investigação:** Os governos, as instituições de investigação e as iniciativas do sector privado investem na investigação e no desenvolvimento de tecnologias CCU, apoiando a inovação e a transferência de tecnologia. Programas de financiamento, projectos-piloto e plataformas de colaboração aceleram a implementação e a adoção de soluções CCU a nível global.

- **Cooperação internacional:** Os acordos multilaterais, as parcerias e as plataformas de partilha de conhecimentos promovem a colaboração internacional na investigação, no desenvolvimento de políticas e na criação de capacidades da CCU. As iniciativas globais abordam os desafios climáticos através da difusão de tecnologias, do intercâmbio de melhores práticas e do alinhamento com os objectivos de desenvolvimento sustentável.

As tecnologias de captura e utilização de carbono representam uma via promissora para atingir os objectivos climáticos, promovendo simultaneamente o crescimento económico e o desenvolvimento sustentável. Ao fazer avançar a inovação tecnológica, melhorar os quadros políticos e promover a cooperação internacional, as partes interessadas podem acelerar a transição para uma economia com baixas emissões de carbono e atenuar eficazmente os impactes das alterações climáticas.

3. Agricultura resiliente às alterações climáticas:

A agricultura resiliente às alterações climáticas refere-se a práticas, tecnologias e estratégias que aumentam a produtividade agrícola, a sustentabilidade e a resiliência face aos impactes das alterações climáticas, tais como padrões meteorológicos erráticos, escassez de água e fenómenos extremos. Estas abordagens têm por objetivo garantir a segurança alimentar, conservar os recursos naturais e atenuar as emissões de gases com efeito de estufa, adaptando-se simultaneamente à evolução das condições climáticas.

1. Gestão sustentável dos solos:

- **Lavoura de conservação:** Minimizar a perturbação do solo através de práticas de lavoura reduzida ou de plantio direto conserva a umidade do solo, aumenta o conteúdo de matéria orgânica e reduz a erosão. Os métodos de lavoura de conservação mantêm a estrutura e a fertilidade do solo, promovendo a resistência das culturas à seca e às flutuações de temperatura.

- **Culturas de cobertura:** A plantação de culturas de cobertura, como leguminosas, gramíneas ou brássicas durante os períodos de pousio, melhora a saúde do solo, suprime as ervas daninhas e reduz a lixiviação de nutrientes. As culturas de cobertura aumentam a retenção de humidade no solo, o ciclo de nutrientes e a atividade microbiana, apoiando a produção agrícola sustentável em condições climáticas variáveis.

2. **Eficiência no uso da água e gestão da irrigação:**

- **Irrigação de precisão:** A utilização de tecnologias baseadas em sensores, sistemas de rega gota a gota e monitorização da humidade do solo optimiza a aplicação de água e reduz o desperdício de água. A irrigação de precisão aumenta o rendimento das culturas, minimiza o stress hídrico e apoia práticas sustentáveis de gestão da água em regiões com escassez de água.

- **Recolha de água da chuva:** A recolha e armazenamento de água da chuva através de sistemas de recolha de água da chuva, lagos ou tanques de água protege contra as secas e sustenta a irrigação durante os períodos de seca. As inovações nas infra-estruturas de recolha de águas pluviais melhoram a disponibilidade de água para as culturas e o gado, reforçando a resiliência agrícola.

3. **Diversificação das culturas e variedades resistentes:**

- **Sistemas de cultivo diversificados:** A rotação de culturas, as culturas intercalares e a integração de sistemas agro-florestais diversificam os rendimentos agrícolas, reduzem a pressão de pragas e doenças e melhoram a fertilidade do solo. Os sistemas de culturas mistas aumentam a resistência dos ecossistemas e protegem contra os riscos de produção relacionados com o clima.

- **Variedades de culturas resistentes ao clima: A** criação e seleção de variedades de culturas tolerantes ao stress térmico, à seca, às pragas e às doenças aumenta a capacidade de adaptação e a estabilidade da produção. A investigação em seleção genómica, melhoramento assistido por marcadores e seleção participativa de variedades apoia os agricultores na adoção de cultivares resistentes.

4. **Práticas Agroecológicas e Conservação da Biodiversidade:**

- **Gestão Integrada de Pragas (IPM):** As estratégias de GIP integram o controlo biológico, a rotação de culturas e a utilização de variedades resistentes às pragas para minimizar a utilização de pesticidas e melhorar o controlo natural das pragas. A GIP reduz os impactos ambientais, conserva os insectos benéficos e mantém o equilíbrio do ecossistema.

- **Restauração do habitat dos polinizadores:** A criação de habitats, sebes e faixas de flores silvestres favoráveis aos polinizadores apoia as populações de polinizadores essenciais para a polinização das culturas e a conservação da biodiversidade. O aumento da diversidade de polinizadores melhora a estabilidade do rendimento das culturas e a resistência à variabilidade climática.

5. **Sistemas de informação climática e de apoio à decisão:**

- **Práticas agrícolas inteligentes em termos climáticos:** O acesso à informação climática, às previsões sazonais e aos dados meteorológicos permite tomar decisões agrícolas adaptativas, tais como datas de plantação, seleção de culturas e programação da irrigação. As práticas agrícolas inteligentes em termos climáticos optimizam a eficiência da utilização dos recursos e minimizam os riscos climáticos.

- **Serviços de aconselhamento agrícola:** A prestação de serviços de extensão, formação e programas de reforço de capacidades capacita os agricultores com conhecimentos e competências em práticas agrícolas resistentes ao clima. Escolas de campo para agricultores, parcelas de demonstração e redes de intercâmbio de conhecimentos facilitam a adoção de técnicas agrícolas sustentáveis.

6. **Apoio político e quadros institucionais:**

- **Políticas e incentivos governamentais:** Os quadros políticos, os subsídios e os incentivos financeiros promovem a adoção de práticas agrícolas resistentes ao clima, a gestão sustentável das terras e as medidas de conservação dos solos. As políticas agrícolas integradas apoiam os pequenos agricultores e as comunidades rurais na criação de resiliência.

- **Investigação e inovação:** O investimento em investigação agrícola, transferência de tecnologia e centros de inovação acelera o desenvolvimento e a adoção de tecnologias resistentes ao clima. As parcerias público-privadas e as iniciativas de investigação em colaboração abordam os desafios e as oportunidades emergentes no domínio da sustentabilidade agrícola.

A agricultura resiliente às alterações climáticas integra os conhecimentos científicos, a sabedoria tradicional e as estratégias de gestão adaptativa para aumentar a produtividade agrícola, a segurança alimentar e os meios de subsistência rurais num clima em mudança. Através da promoção de práticas agrícolas sustentáveis, do reforço da capacidade de adaptação e da promoção da coerência das políticas, as partes interessadas podem criar sistemas agrícolas resilientes que contribuam para os objectivos de sustentabilidade global e para a resiliência climática.

4. Soluções baseadas na natureza:

- **Infra-estruturas verdes:** A implementação de soluções baseadas na natureza, como telhados verdes, florestas urbanas e recuperação de zonas húmidas, atenua as ilhas de calor urbanas, gere o escoamento das águas pluviais e aumenta a biodiversidade. As inovações em matéria de infra-estruturas verdes promovem os serviços ecossistémicos e a resiliência urbana.
- **Soluções Naturais para o Clima: O** aumento da conservação e recuperação de florestas, mangais e turfeiras sequestra dióxido de carbono, protege a biodiversidade e aumenta a resistência dos ecossistemas. As soluções climáticas naturais integram os objectivos de mitigação e adaptação ao clima para atingir os objectivos de desenvolvimento sustentável.

5. Economia circular e práticas sustentáveis:

O conceito de economia circular tem como objetivo minimizar os resíduos, promover a eficiência dos recursos e maximizar o valor dos produtos, materiais e recursos ao longo do seu ciclo de vida. Ao passar de um modelo linear de "pegar-fazer-descartar" para um modelo que enfatiza a reutilização, a reciclagem e a regeneração, os princípios da economia circular apoiam o desenvolvimento sustentável, reduzem os impactos ambientais e atenuam as alterações climáticas.

1. Redução de resíduos e eficiência de recursos:

- **Conceção de produtos para durabilidade e reciclagem:** A conceção de produtos com períodos de vida mais longos, componentes modulares e materiais recicláveis facilita a recuperação de recursos e reduz a produção de resíduos. Os princípios de conceção ecológica dão prioridade à durabilidade, à possibilidade de reparação e às considerações de reciclagem no fim da vida útil.
- **Recuperação e reciclagem de recursos:** A implementação de sistemas de reciclagem

em circuito fechado, instalações de recuperação de materiais (MRFs) e programas de responsabilidade alargada do produtor (EPR) promove a recuperação de recursos dos fluxos de resíduos. A reciclagem de metais, plásticos e outros materiais conserva as matérias-primas e reduz o consumo de energia associado à extração de materiais virgens.

2. **Cadeias de abastecimento e aquisições sustentáveis:**

- **Fornecimento sustentável:** A adoção de práticas de abastecimento sustentáveis, a gestão ética da cadeia de abastecimento e as normas de certificação (por exemplo, Forest Stewardship Council) garantem a aquisição responsável de matérias-primas e promovem a conservação da biodiversidade. A rastreabilidade e a transparência nas cadeias de abastecimento aumentam a responsabilidade e reduzem os impactes ambientais.
- **Políticas de aquisições ecológicas:** As políticas de contratação pública e empresarial dão prioridade a produtos preferíveis do ponto de vista ambiental, fontes de energia renováveis e tecnologias com baixo teor de carbono. Os contratos públicos ecológicos (CPE) estimulam a procura de produtos e serviços sustentáveis, impulsionando a transformação do mercado no sentido dos princípios da economia circular.

3. **Gestão de resíduos e soluções circulares:**

- **Prevenção e minimização de resíduos:** A implementação de estratégias de redução de resíduos, a otimização de embalagens e as iniciativas de redução de resíduos alimentares minimizam os resíduos de aterro e as emissões de carbono. A separação na fonte, a compostagem e a digestão anaeróbica desviam os resíduos orgânicos dos aterros e promovem ciclos circulares de nutrientes.
- **Simbiose industrial:** Facilitar o intercâmbio de recursos, a utilização de subprodutos e as redes de colaboração entre indústrias promove a simbiose industrial. A co-localização de instalações, a partilha de infra-estruturas e os projectos de produção de energia a partir de resíduos optimizam a eficiência da utilização dos recursos e reduzem a pegada ambiental.

4. **Extensão da vida útil do produto e serviços de reparação:**

- **Reutilização e Remanufactura:** Promover a reutilização, o recondicionamento e a

A refabricação prolonga o tempo de vida dos produtos e reduz a procura de novos materiais. Os modelos de negócio circulares, como o leasing, o produto como serviço (PaaS) e os esquemas de retoma, incentivam os fabricantes a conceberem produtos com vista à longevidade e à circularidade.

- **Cafés de reparação e iniciativas comunitárias:** A criação de cafés de reparação, feiras de trocas comunitárias e oficinas de reparação permite aos consumidores reparar, atualizar e trocar bens localmente. As normas de reparação, a disponibilidade de peças sobresselentes e a educação dos consumidores promovem comportamentos de consumo sustentáveis.

5. Modelos empresariais circulares e inovação:

- **Plataformas de economia de partilha:** As plataformas de economia de partilha, o consumo colaborativo e os serviços de aluguer entre pares optimizam a utilização dos recursos e reduzem a procura de propriedade. A partilha de automóveis, as bibliotecas de ferramentas e as plataformas digitais facilitam o acesso em detrimento da propriedade, promovendo a eficiência dos recursos e reduzindo os impactos ambientais.
- **Tecnologias digitais e Blockchain:** O aproveitamento de tecnologias digitais, blockchain e IoT (Internet das Coisas) aumenta a transparência, a rastreabilidade e a eficiência nas cadeias de suprimentos circulares. Os mercados digitais para materiais secundários, os contratos inteligentes para incentivos à reciclagem e o rastreio de recursos em tempo real optimizam as operações da economia circular.

6. Apoio político e incentivos de mercado:

- **Quadros regulamentares:** A adoção de políticas, regulamentos e directivas de gestão de resíduos promove práticas de economia circular, conceção de produtos sustentáveis e objectivos de prevenção de resíduos. Os regimes de responsabilidade alargada do produtor (EPR), as proibições de deposição em aterro e os sistemas de reembolso de depósitos promovem a conformidade da indústria e a gestão ambiental.
- **Incentivos financeiros:** A concessão de incentivos financeiros, benefícios fiscais e subsídios para investimentos em economia circular, projectos de eco-inovação e tecnologias verdes acelera a adoção pelo mercado. As obrigações verdes, os fundos de economia circular e o capital de risco apoiam modelos de negócio sustentáveis e o desenvolvimento de infra-estruturas circulares.

A transição para uma economia circular exige esforços de colaboração entre sectores, modelos empresariais inovadores e quadros políticos de apoio para alcançar a eficiência dos recursos, a sustentabilidade ambiental e a resiliência aos impactos das alterações climáticas. Ao adotar os princípios da economia circular, as partes interessadas podem promover a prosperidade económica, reduzir a pegada de carbono e criar um futuro mais resiliente e equitativo para as gerações vindouras.

6. Envolvimento da comunidade e inovação social:

O envolvimento da comunidade e a inovação social são fundamentais para promover o desenvolvimento inclusivo e sustentável, capacitar as comunidades locais e enfrentar desafios societais complexos, incluindo os colocados pelas alterações climáticas. Estas abordagens aproveitam o conhecimento local, a tomada de decisões participativa e as iniciativas de colaboração para promover a resiliência, a equidade e as soluções orientadas para a comunidade.

1. Tomada de decisões e governação participativa:

- **Consultas e envolvimento da comunidade:** O envolvimento das comunidades nos processos de tomada de decisão, desenvolvimento de políticas e planeamento de projectos permite que as partes interessadas expressem as suas preocupações, identifiquem prioridades e concebam soluções em conjunto. As abordagens participativas garantem uma governação inclusiva, transparência e responsabilidade nas iniciativas de ação climática.
- **Conhecimentos locais e práticas tradicionais:** A integração de sistemas de conhecimentos indígenas, conhecimentos ecológicos tradicionais (TEK) e práticas locais enriquece as estratégias de adaptação ao clima e aumenta a resiliência. Os esforços de conservação liderados pela comunidade, as práticas de gestão sustentável das terras e os modelos de governação da água baseiam-se no património cultural e na gestão ambiental.

2. Reforço das capacidades e desenvolvimento de competências:

- **Programas de treinamento e educação:** A oferta de workshops de capacitação, formação profissional e programas educativos dota as comunidades de competências em agricultura sustentável, tecnologias de energias renováveis e preparação para catástrofes. O desenvolvimento de competências aumenta a capacidade de adaptação local e promove oportunidades económicas em sectores resistentes ao clima.

- **Envolvimento e liderança dos jovens:** Capacitar os jovens através de orientação, formação em liderança e iniciativas lideradas por jovens cultiva uma nova geração de defensores do clima e agentes de mudança. Campanhas lideradas por jovens, projectos de ação climática e iniciativas de envolvimento cívico amplificam as vozes em prol da justiça ambiental e do desenvolvimento sustentável.

3. **Empresas sociais e inovações de base:**

- **Empresas de propriedade da comunidade:** O apoio a empresas sociais, cooperativas e empresas detidas pela comunidade promove o desenvolvimento económico local e meios de subsistência sustentáveis. O empreendedorismo ecológico, as práticas de comércio justo e as iniciativas de economia circular geram rendimentos, criam capital social e reduzem os impactos ambientais.

- **Inovações de base:** Incentivar os centros de inovação de base, os espaços para criadores e as incubadoras promove soluções de baixo para cima para os desafios climáticos. As inovações lideradas pela comunidade em matéria de energias renováveis, gestão de resíduos e agricultura sustentável demonstram o engenho local e a capacidade de adaptação.

4. **Justiça e equidade climática:**

- **Grupos Vulneráveis e Comunidades Marginalizadas: A** abordagem das preocupações com a justiça climática garante o acesso equitativo a recursos, serviços e processos de tomada de decisões para populações vulneráveis, incluindo mulheres, povos indígenas e comunidades com baixos rendimentos. A redução das desigualdades sociais e o aumento da resiliência entre os grupos marginalizados reforçam a coesão social e a capacidade de adaptação.

- **Igualdade e inclusão de género:** A promoção de políticas climáticas sensíveis ao género, a integração da perspetiva de género nos projectos climáticos e a liderança das mulheres na gestão ambiental conferem às mulheres o papel de agentes de mudança. As abordagens sensíveis ao género reconhecem os diversos papéis, conhecimentos e contributos para o desenvolvimento sustentável.

5. **Ação climática liderada pela comunidade e reforço da resiliência:**

- **Adaptação baseada na comunidade:** A implementação de projectos de adaptação climática de âmbito local, iniciativas de recuperação de ecossistemas e estratégias de redução do risco de catástrofes reforça a resiliência da comunidade. O mapeamento participativo, os sistemas de alerta precoce e os recursos naturais geridos pela comunidade aumentam a capacidade de adaptação e reduzem a vulnerabilidade aos impactes climáticos.

- **Infra-estruturas e serviços resilientes:** Co-conceção de infra-estruturas resilientes, sistemas de energia descentralizados e habitações resistentes ao clima melhoram a segurança da comunidade, o acesso a serviços essenciais e a preparação para catástrofes. O planeamento urbano integrado e as infra-estruturas verdes aumentam a resiliência urbana e atenuam os riscos climáticos.

6. **Trabalho em rede e colaboração:**

- **Parcerias com várias partes interessadas:** A facilitação de parcerias entre agências governamentais, organizações da sociedade civil, universidades e entidades do sector privado catalisa a ação colectiva sobre as alterações climáticas. As plataformas colaborativas, as redes de partilha de conhecimentos e as iniciativas conjuntas promovem sinergias, inovação e a expansão de soluções com impacto.

- **Cooperação Sul-Sul e Intercâmbio de Conhecimentos:** A promoção da cooperação Sul-Sul, das alianças globais e das plataformas de intercâmbio de conhecimentos acelera a aprendizagem, a transferência de tecnologia e a divulgação das melhores práticas. A solidariedade internacional e o apoio mútuo aumentam a resiliência global e fazem avançar as agendas de justiça climática.

O envolvimento da comunidade e a inovação social são essenciais para o avanço dos objectivos de desenvolvimento sustentável, fomentando a resiliência climática e promovendo a prosperidade inclusiva. Ao dar prioridade à liderança local, às abordagens participativas e às parcerias de colaboração, as partes interessadas podem co-criar comunidades resilientes e vias equitativas para um futuro sustentável.

Capítulo 5: O caminho a seguir - Recomendações políticas

À medida que a comunidade global enfrenta desafios climáticos urgentes, são essenciais quadros políticos eficazes para impulsionar a mudança sistémica, promover a inovação e acelerar a transição para um futuro sustentável e resiliente. Este capítulo explora as principais recomendações políticas em todos os sectores para mitigar as emissões de gases com efeito de estufa, reforçar os esforços de adaptação e promover uma ação climática equitativa.

1. Reforço da governação climática:

Uma governação climática eficaz é essencial para coordenar os esforços nacionais e internacionais de mitigação das emissões de gases com efeito de estufa, de adaptação aos impactes climáticos e de promoção do desenvolvimento sustentável. Este tópico explora as principais estratégias e mecanismos para reforçar a governação climática, melhorar a coerência das políticas e promover a mudança transformadora para uma economia com baixas emissões de carbono.

1. Planos Nacionais de Ação Climática (NDC):

- **Ambição reforçada:** Atualização e reforço dos Contributos Determinados a Nível Nacional (CDN) no âmbito do Acordo de Paris com objectivos mais ambiciosos de redução das emissões. Objectivos claros e mensuráveis para a implantação de energias renováveis, melhorias da eficiência energética e reduções das emissões sectoriais proporcionam um quadro de ação.
- **Quadros de implementação:** Desenvolver quadros de implementação sólidos, calendários e mecanismos de responsabilização para acompanhar os progressos no sentido dos objectivos dos CDN. A legislação nacional, os quadros regulamentares e as políticas sectoriais estão alinhados com os objectivos climáticos para garantir a coerência e a eficácia.

2. Legislação e quadros políticos em matéria de clima:

- **Leis sobre o clima:** Promulgar leis abrangentes sobre o clima que estabeleçam objectivos de redução de emissões a longo prazo, mecanismos de fixação de preços do carbono e normas regulamentares. Os quadros jurídicos proporcionam segurança para investimentos em tecnologias limpas, infra-estruturas sustentáveis e indústrias com baixo teor de carbono.

- **Normas regulamentares:** Estabelecer normas rigorosas de eficiência energética para edifícios, electrodomésticos e processos industriais para reduzir a procura de energia e as emissões de gases com efeito de estufa. A incorporação de considerações climáticas no planeamento da utilização dos solos, nas políticas de transportes e nas estratégias de gestão de resíduos aumenta a resiliência e a sustentabilidade.

3. **Capacidade institucional e coordenação:**

- **Ministérios e agências do clima:** Estabelecer ministérios ou agências dedicados às alterações climáticas responsáveis pela coordenação do desenvolvimento, implementação e monitorização da política climática. A criação de capacidades institucionais, competências e recursos reforça as estruturas de governação e assegura a colaboração intersectorial.

- **Coordenação entre agências:** Facilitar mecanismos de coordenação entre agências, grupos de trabalho e grupos de trabalho para integrar considerações climáticas nas políticas e programas governamentais. O envolvimento de múltiplos intervenientes promove a criação de consensos, a partilha de conhecimentos e uma ação climática coerente entre departamentos e níveis de governo.

4. **Transparência e responsabilidade:**

- **Sistemas de comunicação e monitorização:** Estabelecer mecanismos de comunicação transparentes, inventários de gases com efeito de estufa e métricas de desempenho climático para avaliar o progresso em direção aos objectivos climáticos. Actualizações regulares e consultas públicas aumentam a transparência, a responsabilidade e o envolvimento das partes interessadas.

- **Supervisão independente:** Capacitar os organismos independentes, as instituições de auditoria e as organizações da sociedade civil para monitorizarem as políticas, as despesas e os resultados no domínio do clima. O reforço dos mecanismos de supervisão garante a integridade, eficácia e confiança pública nos processos de governação climática.

5. **Cooperação internacional e compromissos:**

- **Compromissos do Acordo de Paris:** Cumprir os compromissos assumidos no âmbito do Acordo de Paris, incluindo contribuições financeiras, transferência de tecnologia e apoio à criação de capacidades para os países em desenvolvimento. Defender os objectivos climáticos globais através de iniciativas de colaboração, mecanismos de revisão pelos pares e quadros de responsabilidade partilhada.

- **Acordos bilaterais e multilaterais:** Reforçar as parcerias bilaterais e multilaterais em matéria de atenuação, adaptação e resiliência às alterações climáticas. A participação em negociações internacionais, a diplomacia climática e os fóruns mundiais reforçam a cooperação, o intercâmbio de conhecimentos e a ação colectiva em relação aos desafios climáticos comuns.

6. Envolvimento do público e participação da sociedade civil:

- **Campanhas de sensibilização do público:** Sensibilizar o público para os impactes das alterações climáticas, oportunidades de atenuação e estratégias de adaptação através da educação, campanhas nos meios de comunicação social e sensibilização da comunidade. A criação de apoio público promove a mudança de comportamentos, a procura de produtos sustentáveis por parte dos consumidores e a defesa da ação climática.
- **Envolvimento da sociedade civil:** Capacitar as organizações da sociedade civil, os grupos indígenas e as comunidades locais como participantes activos nos processos de tomada de decisões sobre o clima. Promover o diálogo inclusivo, a consulta e a criação de parcerias aumenta a equidade social, a diversidade e a resiliência na governação climática.

2. Aumentar a implantação das energias renováveis:

O aumento da implantação das energias renováveis é fundamental para reduzir as emissões de gases com efeito de estufa, reforçar a segurança energética e promover um crescimento económico sustentável. Este tópico explora estratégias e iniciativas para acelerar a transição para as fontes de energia renováveis, responder à procura de energia e atingir os objectivos climáticos.

1. Quadros políticos e regulamentares:

- **Objectivos para as energias renováveis:** Estabelecer objectivos ambiciosos para a capacidade de produção de energias renováveis, tais como uma percentagem da produção total de eletricidade ou da capacidade instalada até um ano específico. O planeamento a longo prazo e a implementação faseada criam um ambiente de investimento estável e impulsionam a expansão do mercado.

- **Tarifas de alimentação e contratos de aquisição de energia (CAE):** A implementação de tarifas de alimentação (FIT) ou de CAE com preços garantidos para os produtores de energias renováveis estimula o investimento em projectos solares, eólicos, hídricos e de biomassa. As disposições contratuais garantem a segurança das receitas e atraem a participação do sector privado.

2. **Incentivos financeiros e mecanismos de apoio:**

- **Incentivos ao investimento:** A concessão de incentivos financeiros, tais como créditos fiscais, subvenções e subsídios para projectos de energias renováveis, reduz os custos iniciais e melhora a economia dos projectos. Os mecanismos de financiamento público, as obrigações verdes e o capital de risco apoiam a inovação e a expansão das tecnologias renováveis.

- **Financiamento verde:** Facilitar o acesso ao financiamento verde, a empréstimos a juros baixos e a financiamentos concessionais para o desenvolvimento de infra-estruturas de energias renováveis. O financiamento internacional do clima e os bancos de desenvolvimento mobilizam capital para projectos de energias renováveis nos países em desenvolvimento.

3. **Infraestrutura e integração da rede:**

- **Expansão e modernização da rede:** O investimento em actualizações da infraestrutura da rede, em tecnologias de rede inteligente e em sistemas de armazenamento de energia aumenta a flexibilidade e a fiabilidade da integração das energias renováveis. O armazenamento de baterias à escala da rede, os programas de resposta à procura e as centrais eléctricas virtuais optimizam a utilização das energias renováveis.

- **Redes de interconexão:** O desenvolvimento de redes de interconexão regionais e de corredores de transporte de eletricidade facilita o comércio transfronteiriço de energias renováveis. Uma melhor conetividade da rede e a integração do mercado da energia libertam o potencial das energias renováveis e apoiam os objectivos de segurança energética.

4. **Inovação tecnológica e investigação:**

- **Investigação e desenvolvimento (I&D):** O investimento em I&D em energias renováveis, centros de inovação e projectos de demonstração tecnológica acelera os avanços tecnológicos. As parcerias de investigação em colaboração, as iniciativas-piloto e as instalações de ensaio conduzem a reduções de custos e a melhorias de desempenho nas tecnologias renováveis.

- **Tecnologias emergentes:** Promover a implantação de tecnologias renováveis da próxima geração, como a energia solar fotovoltaica flutuante (PV), a energia solar concentrada (CSP) e as turbinas eólicas offshore. A inovação no armazenamento de energia, a produção de hidrogénio e a eletrificação dos sectores dos transportes diversificam as aplicações das energias renováveis.

5. Envolvimento da comunidade e apropriação local:

- **Projectos comunitários de energias renováveis:** Apoiar cooperativas comunitárias de energia renovável, iniciativas locais de energia e plataformas de financiamento coletivo. A capacitação das comunidades como partes interessadas no desenvolvimento das energias renováveis promove a aceitação social, os benefícios económicos e a criação de emprego local.
- **Participação pública:** Facilitar as consultas públicas, o envolvimento das partes interessadas e a tomada de decisões participativa nos processos de planeamento e licenciamento de energias renováveis. A transparência e a governação inclusiva criam confiança, atenuam os conflitos e asseguram o alinhamento com os interesses da comunidade.

6. Reforço das capacidades e desenvolvimento da mão de obra:

- **Programas de formação de competências:** Proporcionar formação profissional, programas de certificação e cursos académicos em tecnologias de energias renováveis e gestão de projectos. A criação de uma força de trabalho especializada em instalação solar, manutenção de turbinas eólicas e integração na rede reforça a capacidade da indústria e apoia a criação de emprego.
- **Iniciativa Empregos Verdes:** Promover estratégias de desenvolvimento da força de trabalho, estágios e iniciativas de colocação no sector das energias renováveis. Reforçar a diversidade, a equidade e a inclusão no recrutamento de mão de obra verde e nas oportunidades de progressão na carreira.

3. Promoção de transportes e mobilidade sustentáveis:

A promoção de transportes e mobilidade sustentáveis é crucial para reduzir as emissões de gases com efeito de estufa, atenuar o congestionamento urbano e melhorar a qualidade do ar. Este tópico explora estratégias e iniciativas para acelerar a transição para sistemas de transporte com baixo teor de carbono, melhorar a acessibilidade e atingir objectivos de desenvolvimento sustentável.

1. Eletrificação e veículos com baixas emissões de carbono:

- **Veículos eléctricos (VE):** Incentivar a adoção de automóveis, autocarros, camiões e veículos de duas rodas eléctricos através de subsídios, incentivos fiscais e abatimentos. A expansão das infra-estruturas de carregamento de VE, as estações de troca de baterias e a integração de redes inteligentes apoiam a adoção generalizada e a confiança na autonomia.
- **Veículos híbridos e híbridos "plug-in":** Incentivar a implantação de veículos híbridos e híbridos plug-in que combinam motores eléctricos com motores de combustão interna. A oferta de incentivos à compra, taxas de registo reduzidas e acesso a zonas de baixas emissões incentiva a preferência dos consumidores por alternativas com baixo teor de carbono.

2. Trânsito público e transporte ativo:

- **Expansão dos transportes públicos:** Investir em sistemas de trânsito rápido de autocarros (BRT), redes de metropolitano ligeiro e extensões de metro para melhorar a mobilidade urbana e reduzir a dependência de veículos privados. Os sistemas integrados de bilhética, os parques de estacionamento e as vias prioritárias optimizam a eficiência dos transportes públicos.
- **Infra-estruturas para peões e ciclistas:** O desenvolvimento de percursos pedonais seguros, ciclovias e programas de partilha de bicicletas promove opções de transporte activas. A conceção de paisagens para peões, suportes para bicicletas e vias verdes urbanas melhora a conetividade e incentiva comportamentos de deslocação sustentáveis.

3. Soluções de mobilidade inteligente:

- **Plataformas digitais e aplicações de mobilidade:** Implementação de plataformas de partilha de boleias, aplicações de carpooling e soluções de mobilidade como serviço

(MaaS) para otimizar a utilização dos veículos e reduzir o congestionamento. O planeamento de viagens em tempo real, a integração multimodal e a integração tarifária simplificam as opções de deslocação para os trabalhadores pendulares.

- **Sistemas de transporte inteligentes (STI):** A implantação de tecnologias ITS, como os sistemas de gestão do tráfego, o controlo adaptativo dos sinais e a comunicação veículo-infraestrutura (V2I), aumenta a eficiência do fluxo de tráfego e reduz as emissões. Os sistemas de estacionamento inteligente e os regimes de tarifação do congestionamento gerem os desafios da mobilidade urbana.

4. **Planeamento urbano sustentável:**

- **Desenvolvimento compacto e de uso misto:** A promoção de uma conceção urbana compacta, da utilização mista dos solos e do desenvolvimento orientado para o trânsito (TOD) reduz as distâncias de deslocação e incentiva a mobilidade sustentável. Regulamentos de zoneamento, bónus de densidade e normas de construção ecológica apoiam cidades habitáveis e resilientes.

- **Infra-estruturas verdes:** A integração de espaços verdes, parques urbanos e corredores verdes no planeamento urbano atenua os efeitos da ilha de calor, melhora a qualidade do ar e aumenta as oportunidades de lazer. Os telhados verdes, os pavimentos permeáveis e os sistemas de drenagem sustentáveis gerem as águas pluviais e melhoram a biodiversidade urbana.

5. **Descarbonização do transporte de mercadorias e da logística:**

- **Veículos de transporte de mercadorias não poluentes:** Incentivar a adoção de camiões de emissões zero, bicicletas de carga e soluções de entrega de última milha na logística urbana. Políticas de aquisição ecológicas, zonas de baixas emissões e centros de consolidação de carga urbana optimizam as operações de carga e reduzem as pegadas de carbono.

- **Eficiência da cadeia de abastecimento:** Melhorar a eficiência da cadeia de abastecimento, a otimização das rotas e a transferência modal para os modos de transporte ferroviário e fluvial para o transporte de mercadorias a longa distância. A promoção de embalagens ecológicas, da logística inversa e dos princípios da economia circular minimiza os impactos ambientais relacionados com os transportes.

6. **Apoio político e regulamentar:**

- **Normas e regulamentos de emissões:** Estabelecer normas rigorosas para as emissões dos veículos, objectivos de eficiência dos combustíveis e objectivos de redução de CO2 para os fabricantes de automóveis. A eliminação progressiva dos subsídios aos combustíveis fósseis e o incentivo às tecnclogias com baixo teor de carbono aceleram a transição do mercado para soluções de transporte sustentáveis.

- **Tarifação do congestionamento e taxas de utilização das estradas:** Implementar esquemas de tarifação do congestionamento, portagens rodoviárias e taxas de emissão de veículos para gerir a procura de tráfego e financiar infra-estruturas de transportes sustentáveis. O reinvestimento das receitas em transportes públicos, infra-estruturas para ciclistas e segurança dos peões melhora os resultados da mobilidade urbana.

4. **Reforçar a resiliência e a adaptação às alterações climáticas:**

O reforço da resiliência e da adaptação às alterações climáticas é crucial para que as comunidades, os ecossistemas e as economias possam fazer face aos impactes das alterações climáticas. Este tópico explora estratégias e acções para reforçar a resiliência, reduzir a vulnerabilidade e promover medidas de adaptação em diferentes sectores e escalas.

1. **Avaliação dos riscos climáticos e sistemas de alerta precoce:**

- **Avaliações de vulnerabilidade:** Realização de avaliações abrangentes dos riscos climáticos para identificar populações, infra-estruturas e sistemas naturais vulneráveis. A integração de projecções climáticas, cartografia de perigos e dados socioeconómicos informa o planeamento adaptativo e as estratégias de gestão de riscos.

- **Sistemas de alerta precoce:** Implementação de sistemas robustos de alerta precoce para fenómenos meteorológicos extremos, inundações, ondas de calor e subida do nível do mar. Os alertas atempados, as campanhas de preparação da comunidade e os planos de evacuação aumentam a segurança pública e reduzem o impacto das catástrofes.

2. **Soluções baseadas na natureza e recuperação de ecossistemas:**

- **Infra-estruturas naturais:** Investir em soluções baseadas na natureza, como a recuperação de zonas húmidas, a proteção dos mangais costeiros e os espaços verdes urbanos. A adaptação baseada nos ecossistemas aumenta a biodiversidade, regula os fluxos de água e protege as comunidades contra os riscos climáticos.

- **Infra-estruturas verdes:** Desenvolvimento de telhados verdes, pavimentos permeáveis e jardins de chuva para gerir o escoamento das águas pluviais, reduzir as ilhas de calor urbanas e melhorar a qualidade do ar. Os corredores verdes e os habitats de vida selvagem apoiam a conetividade ecológica e a resiliência climática.

3. **Infra-estruturas e ambiente construído resilientes:**

- **Normas de Conceção Resilientes ao Clima:** Incorporar critérios de resiliência climática em projectos de infra-estruturas, códigos de construção e planeamento do uso do solo. A conceção de estradas, pontes e serviços públicos resilientes para resistir a fenómenos meteorológicos extremos e à subida do nível do mar aumenta o tempo de vida das infra-estruturas e reduz os custos de manutenção.

- **Readaptação adaptativa:** Readaptação de edifícios e infra-estruturas críticas para melhorar a eficiência energética, a resiliência às inundações e a resistência sísmica. A elevação de estruturas, a instalação de barreiras contra inundações e a atualização dos sistemas de drenagem protegem as comunidades e as empresas dos impactos climáticos.

4. **Gestão e segurança dos recursos hídricos:**

- **Conservação da água:** Implementação de tecnologias eficientes em termos de água, sistemas de recolha de águas pluviais e estratégias de reutilização da água para aumentar a segurança da água durante as secas e a escassez de água. As práticas de gestão sustentável da água reduzem as pressões da procura e apoiam a saúde do ecossistema.

- **Governação integrada da água:** Estabelecimento de planos de gestão integrada dos recursos hídricos, quadros de gestão das bacias hidrográficas e sistemas de monitorização das águas subterrâneas. O envolvimento das partes interessadas, a cooperação transfronteiriça e a governação adaptativa promovem a atribuição equitativa da água e a resolução de conflitos.

5. **Resiliência agrícola e segurança alimentar:**

- **Agricultura inteligente face ao clima:** Promover variedades de culturas resistentes ao clima, sistemas agro-florestais e práticas de conservação do solo. A diversificação das culturas, o aumento da eficiência da irrigação e a adoção de técnicas agrícolas de precisão atenuam os riscos climáticos e melhoram a produtividade agrícola.

- **Diversificação dos meios de subsistência:** Apoiar as comunidades rurais com meios de subsistência alternativos, estratégias de diversificação dos rendimentos e regimes de seguros agrícolas. O reforço da capacidade de adaptação através da formação dos agricultores, dos serviços de informação sobre o clima e do acesso ao mercado aumenta a segurança alimentar e a resistência económica.

6. Envolvimento da comunidade e coesão social:

- **Adaptação com base na comunidade:** Facilitar as iniciativas de adaptação lideradas pela comunidade, o intercâmbio de conhecimentos locais e os processos participativos de tomada de decisões. A capacitação de grupos vulneráveis, comunidades indígenas e mulheres como agentes de mudança promove a equidade social e a resiliência.
- **Sistemas de proteção social:** Reforçar as redes de segurança social, os mecanismos de assistência em caso de catástrofe e os regimes de seguro para apoiar as populações vulneráveis durante as emergências climáticas. A melhoria do acesso aos cuidados de saúde, à educação e aos serviços básicos reforça a capacidade de adaptação e reduz as armadilhas da pobreza.

5. Apoiar uma transição justa e a equidade social:

O apoio a uma transição justa e a promoção da equidade social são componentes essenciais da ação climática para garantir que os encargos e benefícios da transição para uma economia de baixo carbono sejam distribuídos de forma justa entre todos os segmentos da sociedade. Este tópico explora estratégias e iniciativas para abordar as desigualdades, capacitar as comunidades marginalizadas e promover oportunidades económicas inclusivas no contexto da mitigação e adaptação às alterações climáticas.

1. Diversificação económica e empregos verdes:

- **Desenvolvimento da força de trabalho verde:** Investir em programas de formação, ensino profissional e estágios em energias renováveis, eficiência energética e indústrias sustentáveis. O desenvolvimento de competências em instalação solar, manutenção de turbinas eólicas e construção ecológica cria caminhos para empregos de qualidade e bem remunerados.
- **Políticas de transição justa:** Desenvolver políticas inclusivas que apoiem os trabalhadores e as comunidades afectadas pela mudança para longe dos combustíveis fósseis e das indústrias com elevado teor de carbono. A criação de programas de

assistência à transição, iniciativas de reconversão profissional e mecanismos de apoio ao rendimento garantem um processo de transição justo e equitativo.

2. **Proteção social e redes de segurança:**

- **Redes de segurança social reforçadas:** Reforço dos sistemas de proteção social, dos subsídios de desemprego e do acesso aos cuidados de saúde para as populações vulneráveis afectadas pelas alterações climáticas e pelas transições económicas. Garantir o acesso a habitação a preços acessíveis, segurança alimentar e serviços essenciais protege os meios de subsistência e promove a resiliência.

- **Fundos de resiliência climática:** Estabelecer fundos de resiliência e regimes de seguros para prestar assistência financeira e alívio de catástrofes às comunidades em risco. O apoio a iniciativas de microfinanciamento, grupos de poupança e organizações de base comunitária reforça a capacidade de adaptação e reduz as armadilhas da pobreza.

3. **Igualdade de género e inclusão:**

- **Empoderamento das mulheres:** Promover políticas climáticas sensíveis ao género, oportunidades de liderança e acesso a recursos para as mulheres nos processos de tomada de decisões sobre o clima. O investimento em empresas lideradas por mulheres, na agricultura sustentável e em serviços de saúde materna reforça a resiliência e promove a igualdade de género.

- **Direitos indígenas e património cultural:** Respeitar os direitos indígenas, os sistemas de posse da terra e o conhecimento tradicional nas estratégias de adaptação climática. A parceria com as comunidades indígenas, os líderes locais e as autoridades tradicionais promove os esforços de conservação liderados pela comunidade e a gestão sustentável dos recursos.

4. **Envolvimento e participação da comunidade:**

- **Consultas às partes interessadas:** Facilitar o diálogo inclusivo, processos de planeamento participativo e consultas comunitárias no desenvolvimento e implementação de políticas climáticas. A capacitação de grupos marginalizados, jovens activistas e organizações da sociedade civil como parceiros na ação climática aumenta a responsabilidade e a transparência.

- **Justiça ambiental:** Abordar as desigualdades ambientais, os impactos desproporcionados da poluição e o acesso a bens e serviços ambientais em comunidades marginalizadas. A defesa de políticas de justiça ambiental, normas de ar limpo e distribuição equitativa de benefícios ambientais promove a equidade social.

5. Governação descentralizada e soluções locais:

- **Iniciativas lideradas pela comunidade:** Apoiar projectos comunitários de energias renováveis, sistemas alimentares locais e iniciativas de meios de subsistência sustentáveis. A capacitação de organizações de base, cooperativas e pequenas empresas fortalece as economias locais e aumenta a resistência da comunidade aos impactes climáticos.

- **Estruturas de governação local:** Reforçar a governação descentralizada, a tomada de decisões participativa e a autonomia municipal no planeamento da adaptação às alterações climáticas. A promoção de redes entre cidades, intercâmbios de aprendizagem entre pares e a cooperação Sul-Sul fomentam a inovação e a partilha de conhecimentos no domínio do desenvolvimento resiliente às alterações climáticas.

6. Práticas de comércio justo e cadeias de abastecimento éticas:

- **Políticas de aquisição éticas:** Implementar práticas de comércio justo, directrizes de abastecimento ético e normas de sustentabilidade nas cadeias de abastecimento. O apoio a salários justos, direitos laborais e gestão ambiental em acordos comerciais globais promove o crescimento económico equitativo e o consumo responsável.

- **Responsabilidade social das empresas:** Envolver os parceiros do sector privado, as empresas multinacionais e as instituições financeiras em práticas de investimento responsáveis e na divulgação dos riscos climáticos. Incentivar as iniciativas de responsabilidade social das empresas (RSE), a emissão de obrigações verdes e o investimento de impacto alinha os interesses empresariais com os objectivos de desenvolvimento sustentável.

6. Cooperação internacional e diplomacia climática:

A cooperação internacional e a diplomacia climática são fundamentais para enfrentar os desafios climáticos globais, promover a ação colectiva e atingir os objectivos de desenvolvimento sustentável. Este tópico explora estratégias, quadros e iniciativas para reforçar a colaboração global, negociar acordos climáticos e promover a responsabilidade partilhada no combate às alterações climáticas.

1. **Quadros e acordos multilaterais:**

- **Convenção-Quadro das Nações Unidas sobre Alterações Climáticas (CQNUAC):** Defender os princípios e objectivos da CQNUAC, incluindo o Acordo de Paris, para limitar o aumento da temperatura global a menos de 2 graus Celsius acima dos níveis pré-industriais. Comprometer-se a reforçar a ambição, os contributos determinados a nível nacional (NDC) e as estratégias de desenvolvimento a longo prazo com baixas emissões de gases com efeito de estufa.

- **Protocolo de Quioto e mais além:** Com base nos compromissos assumidos no âmbito do Protocolo de Quioto, os esforços internacionais centram-se na consecução dos objectivos de redução das emissões, dos objectivos de neutralidade carbónica e dos parâmetros de referência em matéria de resiliência climática. O reforço dos mecanismos de conformidade, dos quadros de transparência e das medidas de responsabilização garante a eficácia da governação global do clima.

2. **Financiamento do clima e investimentos verdes:**

- **Fundo Verde para o Clima (GCF):** Mobilizar recursos financeiros, financiamento climático e financiamento concessional para apoiar projectos de adaptação e atenuação das alterações climáticas nos países em desenvolvimento. O aumento das contribuições para o GCF, os bancos de desenvolvimento relacionados com o clima e as iniciativas de ajuda bilateral promovem vias de desenvolvimento sustentável.

- **Envolvimento do sector privado:** Incentivar os investimentos do sector privado, a emissão de obrigações verdes e o financiamento de impacto em energias renováveis, infra-estruturas sustentáveis e tecnologias resistentes ao clima. As parcerias público-privadas, os mecanismos de partilha de riscos e os modelos de financiamento misto atraem fluxos de capital para investimentos inteligentes do ponto de vista climático.

3. **Transferência de tecnologia e desenvolvimento de capacidades:**

- **Mecanismo tecnológico:** Facilitar a transferência de tecnologia, a difusão da inovação e as iniciativas de reforço de capacidades para aumentar a resiliência climática e as capacidades de adaptação em regiões vulneráveis. A promoção de tecnologias de energia limpa, práticas agrícolas inteligentes em termos de clima e soluções urbanas sustentáveis acelera os esforços de transição global.

- **Cooperação Sul-Sul:** Reforçar a cooperação entre países em desenvolvimento através do intercâmbio de conhecimentos, assistência técnica e redes de aprendizagem entre pares. A partilha das melhores práticas em matéria de atenuação das alterações climáticas, estratégias de adaptação e reforço da resiliência aumenta a resiliência regional e os resultados do desenvolvimento sustentável.

4. **Adaptação e reforço da capacidade de resistência:**

- **Fundo de Adaptação:** Apoio a projectos de adaptação, medidas de resistência às alterações climáticas e iniciativas comunitárias em regiões vulneráveis. A atribuição de recursos para a gestão da água, a proteção costeira e a redução do risco de catástrofes aumenta a capacidade de adaptação e salvaguarda os meios de subsistência.

- **Seguro contra riscos climáticos:** Desenvolver regimes de seguros contra os riscos climáticos, modelos de seguros paramétricos e fundos de resiliência para proteger as populações vulneráveis das catástrofes relacionadas com o clima. O reforço dos mecanismos financeiros, dos sistemas de alerta precoce e das redes de segurança social promove a capacidade de adaptação e a preparação para as catástrofes.

5. **Diplomacia e negociações sobre o clima:**

- **Negociações COP:** Participar nas negociações da Conferência das Partes (COP), cimeiras sobre o clima e diálogos de alto nível para fazer avançar as agendas climáticas globais. Facilitar a criação de consensos, colmatar clivagens e promover a partilha equitativa de encargos entre países reforça os quadros de cooperação internacional.

- **Redes de Diplomacia Climática:** Envolver-se em redes de diplomacia climática, missões diplomáticas e diálogos bilaterais para promover as relações diplomáticas, o intercâmbio de conhecimentos e iniciativas conjuntas de ação climática. A criação de confiança, a promoção da compreensão mútua e a resolução de conflitos fazem avançar os esforços globais de diplomacia climática.

6. **Investigação científica e partilha de conhecimentos:**

- **Colaboração na ciência do clima:** Promover a colaboração internacional na investigação climática, na partilha de dados e nas avaliações científicas para fundamentar a elaboração de políticas baseadas em dados concretos. O reforço das redes de observação do clima, as parcerias de investigação e os estudos interdisciplinares aumentam o conhecimento e a inovação a nível mundial no domínio do clima.

- **Desenvolvimento de capacidades:** Investir na educação climática, em programas de reforço de capacidades e em intercâmbios científicos para capacitar os países em desenvolvimento e as comunidades marginalizadas. Colmatar as lacunas tecnológicas, promover o acesso aberto aos dados e apoiar iniciativas de literacia climática fomentam a resiliência global e o desenvolvimento sustentável.

Recomendações políticas eficazes são essenciais para alcançar os objectivos climáticos globais, promover o desenvolvimento sustentável e salvaguardar a saúde do planeta. Ao adotar políticas inclusivas, ambiciosas e baseadas em dados concretos, os governos, as empresas e a sociedade civil podem, em colaboração, impulsionar uma mudança transformadora rumo a um futuro com baixas emissões de carbono e resiliente às alterações climáticas para todos.

Este capítulo sublinha a importância da vontade política, do envolvimento das partes interessadas e da cooperação internacional na implementação de quadros políticos que atenuem os riscos climáticos, melhorem as estratégias de adaptação e promovam resultados equitativos. À medida que as nações se comprometem com agendas ambiciosas de ação climática, as recomendações políticas fornecem um roteiro para alcançar um caminho sustentável, salvaguardando os ecossistemas e garantindo a prosperidade para as gerações presentes e futuras.

Conclusão

"Crónicas do Clima: Understanding Global Changes" conclui com um retumbante apelo à ação no meio das complexidades do nosso mundo em mudança. Através de uma exploração meticulosa da ciência climática, dos contextos históricos e dos impactos nos ecossistemas, sociedades e economias, este livro sublinha a necessidade urgente de uma ação climática abrangente. Desde as vulnerabilidades da perda de biodiversidade até às repercussões socioeconómicas e ao imperativo de resiliência e adaptação, a interligação dos desafios climáticos exige esforços concertados a nível local, nacional e internacional. Sublinhando o papel dos quadros políticos, das inovações tecnológicas e do envolvimento da comunidade, o caminho a seguir implica o aumento das energias renováveis, a promoção de transportes sustentáveis, o reforço da resiliência climática e a promoção da equidade social. A cooperação internacional e a diplomacia climática emergem como elementos essenciais para navegar num futuro sustentável, promovendo a solidariedade e a partilha equitativa de encargos. Ao enfrentarmos estes imperativos globais, o livro encoraja uma abordagem transformadora baseada no conhecimento científico, na governação inclusiva e na responsabilidade colectiva de salvaguardar o nosso planeta para as gerações futuras.

Referências

Ackerman, K. V., e E. T. Sundquist. 2008. Comparison of two U.S. power-plant carbon dioxide emissions data sets (Comparação de dois conjuntos de dados de emissões de dióxido de carbono de centrais eléctricas dos EUA). Environmental Science & Technology 42(15):5688-5693.

Adams, P. N., e D. L. Inman. 2009. Climate Change and Potential Hotspots of Coastal Erosion Along the Southern California Coast-Final Report [Alterações climáticas e potenciais pontos críticos de erosão costeira ao longo da costa sul da Califórnia-Relatório final]. CEC-500-2009-022-F, Sacramento, Comissão de Energia da Califórnia.

Adger, W. N., J. Paavola, S. Huq, e M. J. Mace, eds. 2006. Fairness in Adaptation to Climate Change. Cambridge, MA: MIT Press.

Adger, W. N., S. Agrawala, M. M. Q. Mirza, C. Conde, K. L. O'Brien, J. Pulhin, R. Pulwarty, B. Smit e K. Takahashi. 2007. Assessment of adaptation practices, options, constraints and capacity. Em Climate Change 2007: Impacts, Adaptation and Vulnerability: Contribution of Working Group II to the Fourth Assessment Report of the Intergovernmental Panel on Climate Change. M. L. Parry, O. F. Canziani, J. P. Palutikof, C. E. Hanson e P. J. Van Der Linden, eds. Cambridge:M. L. Parry, O. F. Canziani, J. P. Palutikof, C. E. Hanson, e P. J. Van Der Linden, eds. Cambridge:Cambridge: Cambridge University Press.

Adger, W. N., I. Lorenzoni, e K. O'Brien. 2009a. Adaptação atual. Em Adapting to Climate Change: Thresholds, Values, Governance. W. N. Adger, I. Lorenzoni e K. L. O'Brien, eds. Cambridge: Cambridge University Press.

Adger, W. N., S. Dessai, M. Goulden, M. Hulme, I. Lorenzoni, D. R. Nelson, L. O. Naess, J. Wolf e A. Wreford. 2009b. Are there social limits to adaptation to climate change? Climatic Change 93(3-4):335-354.

Adler, M. D., e E. A. Posner. 2006. New Foundations of Cost-Benefit Analysis [Novos Fundamentos da Análise Custo-Benefício]. Cambridge, MA: Harvard University Press. Agrawala, S. 2004. Adaptação, ajuda ao desenvolvimento e planeamento: Challenges and opportunities. IDS Bulletin-Institute of Development Studies 35:5054.

Agrawal, A. 2008. O papel das instituições locais na adaptação às alterações climáticas. In Social Dimensions of Climate Change Workshop. Washington, DC: Departamento de

Desenvolvimento Social, Banco Mundial.

Agrawal, A., e N. Perrin. 2008. Climate Adaptation, Local Institutions, and Rural Livelihoods [Adaptação ao Clima, Instituições Locais e Meios de Subsistência Rurais]. Ann Arbor, MI: Programa Internacional de Recursos e Instituições Florestais, Universidade de Michigan.

Academias Nacionais de Ciências, Engenharia e Medicina. 2010. Advancing the Science of Climate Change [Avanço da Ciência das Mudanças Climáticas]. Washington, DC: The National Academies Press.
https://doi.org/10.17226/12782.

MIX
Papier aus verantwortungsvollen Quellen
Paper from responsible sources
FSC® C105338

Printed by Books on Demand GmbH, Norderstedt / Germany